KB264100

구조, 보이지 않는 건축

현대건축을 바꾼 구조의 혁신

구조, 보이지 않는 건축

김세진 지음

이유출판

목차

Ⅱ
재료와 구법

서문

건축은 물리적으로 구축된다. 이때 어떻게 구축되는지가 구조이다. 다시 말하면 건축물이 지상에 세워질 때, 어떻게 세워지는가를 따지는 것이 구조의 영역이다. 건축은 중요하다. 왜 중요한지는 설명할 필요도 없을 것이다. 그렇다면 건축을 서 있게 하는 '구조構造'는 어떤가? 당연히 중요하고, 경우에 따라선 더 중요할 수도 있다. 하지만 건축의 구조에 대해 우리가 알고 있는 것은 무엇인가? 건축을 사랑하는 독자라도 이런 질문 앞에선 당혹감 또는 불편함을 느낄지 모른다. 건축도 알기 힘든데 왜 구조까지 알아야 할까, 의문을 가지는 독자도 있을 것이다. 구조는 분명 건축물을 '서 있게' 하는 근거이자 건축물 자체이기도 한데, 그동안 우리는 이를 잊고 있었던 것은 아닐까? 필자는 오랫동안 구조에 대한 연구와 강의를 하면서, 이러한 이슈를 일반 독자와 함께 나누고 싶었다. 이 책은 그 결과로 나온 것이다.

이제부턴 건축과 구조의 관계를 살펴보기로 하자. 쉽게 말해서 건축물을 지상에 세울 때, 어떻게 세울지 따지는 것이 바로 구조다. 그런데 구조를 다루는 일은 재미없다. 필자는 건축가다. 그런데도 '구조' 하면 역학이 떠오르고 이해하기 어려운 도식과 계산은 부담스럽다. 30년 전 처음 건축 공부를 시작했을 때도 그랬고, 지금 대학에서 가르치면서 마주하는 학생들도 그런 것 같다.

그렇다면 구조는 왜 재미가 없을까?

먼저 역사적으로 보면 강철과 철근콘크리트가 건축구조의 주재료가 되면서 건축가는 구조에 대한 고려에서 자유로워질 수 있었다. 건축가들이 그리는 대부분의 건축은 별다른 고민 없이도 보와 기둥으로 이루어지는 프레임구조로 가능해졌다. 두 지점 사이가 넓은 공간도 트러스라는 구조 시스템으로 어렵지 않게 구현되면서 우리가 흔히 접하게 되는 건축물의 구조는 건축가의 디자인 과정에서 분리되어 기술의 영역으로 옮겨졌다. 교육 내용에서도 그렇다. 대학에서 배우는 구조는 주로 역학이다. 구조역학은 구조물에 외부 하중이나 힘이 작용할 때, 물리학과 공학의 원리를 바탕으로 그 구조물의 변형, 응력, 변위 등을 분석하고 예측하는 것이다. 그러나 이러한 원리가 디자인에 어떠한 영향을 미치는지에 관한 내용은 없다. 지금도 구조와 디자인을 같이 다루는 수업인 구조디자인 과목이 개설된 대학은 전국에서도 몇 학교밖에 없다. 2002년부터는 국제화를 목표로 국제인증을 위해 5년제 건축학과로 변화하면서 건축은 공학에서 또 멀어졌다. 구조를 건축설계의 일부로 바라볼 수 있는 교육의 기회가 점점 사라지고 있는 것이다.

건축가는 기둥을 싫어할까?

건축가들은 일반적으로 기둥을 싫어한다. 기둥은 제한된 공간에서 물리적, 시각적 장애물로 인식될 때가 많고, 또한 중력에 반하여 부유浮遊하는 건축물에 대한 로망이 존재하기 때문일 것이다. 구조 요소 중, 특히 기둥은 공간에 물리적인 제약을 초래하므로 공간을 자유롭게 설계하고 싶은 건축가의 입장에선 방해 요소로 인식된다. 모더니즘 이후 새로운 재료와 기술을 통해 건축은 묵직함을 벗어내고 투명성과 개방적이고 유연한 공간을 추구하게 되었다. 투명한 건축은 개방적이고 민주적인 사회의 가치를 드러내는 표상으로 사용되었고 두꺼운 기둥과 벽으로 구분되었던 실내와 외부공간을 연결하며 내외부 환경 사이의 경계를 허무는 방향으로 전개되었다. 따라서 건축가들은 구조를 최소화할 수 있는 방법을 찾게 되었다.

대중적인 건축과 전문적인 구조

건축에 관심이 높아진 일반 대중들도 건물의 구조에는 별 관심이 없다. 물론 건축물의 구조는 전문적인 지식과 기술이 필요한 분야이다. 그 원리나 기술적 세부 사항을 잘 이해하기 어려워 재미없다고 느낄 수 있다. 구조가 때로는 미학적으로 흥미로워 보일 수 있지만, 그 안에 담긴 복잡한 원리나 기술적 요소는 일반인이 쉽게 이해하기 어려운 경우가 많다. 그러니 겉으로 드러나는 외관의 아름다움과 내부의 공간 경험, 재료가 주는 느낌에 더 집중하게 된다. 구조가 건물이 무너지지 않게 하는 안정성과 효율성을 위한 기능적인 역할을 한다는 점은 이해하지만, 눈에 띄지 않으니 흥미를 갖기 어렵다는 것이다.

이 책을 쓰게 된 이유

필자 역시 전혀 다르지 않았다. 수학보다 어려웠던 구조역학은 필자가 가장 싫어했고 또 못했던 과목이었다. 창의적인 디자인을 해야 하는 건축에서 왜 딱딱한 계산을 해야 하는지 전혀 이해되지 않았다. 필자의 생각이 달라진 것은 영국에서 공부와 실무를 하며 구조가 건축 디자인에 미치는 영향을 직접 경험하면서부터다. 필자가 AA스쿨에서 수강했던 구조과목은 설계 과제 프로젝트가 어떻게 구조적으로 가능할지에 대한 탐구였다. 그간 구조과목에서 배운 이론을 넘어 필자가 디자인한 건축물이 어떻게 구현될 수 있을지 보다 심도있게 고민해보는 기회였다. 졸업 후엔 노먼 포스터 사무실에서 실무를 하며 보다 직접적인 경험을 할 수 있었다. 노먼 포스터는 경량성과 지속가능성을 지향하는 하이테크 건축의 선두주자이다. 하이테크는 하이 테크놀로지의 축약어로 구조와 설비를 넘어 친환경 건축을 위한 최첨단 기술까지 포함한다. 이곳에서 구조는 다른 설비 및 친환경 요소와 함께 통합되어 디자인 과정에서 적극적으로 논의되고 발전된다. 이러한 과정을 경험하며 구조를 디자인에 적극적으로 활용한 건축가들에게 많은 관심을 가지게 되었다. 그리고 새롭고 독창적인 건축물은 혁신적인 구조를 통해 만들어진다고 믿게 되었다. 또한 구조는 재료와 시스템의 효율성을 극대화하여 오늘날의 화두인 지속가능성을 향한 건축 디자인에 중요한 역할을 한다고 확신하게 되었다.

2014년 귀국 후 필자는 이러한 관심과 경험을 바탕으로 고려대학교 건축학과에서 10년 넘게 구조디자인을 강의하며, 구조가 단순한 문제 해결을 위한 기술의 영역을 넘어 건축 디자인 과정에 융합될 수 있음을 알리려고 노력해왔다. 이 책을 쓰게 된 것도 이런 노력의 결과라 할 수 있다. 이제 건축을 공부하는 학생들과 건축가들,

그리고 건축에 관심 있는 사람들에게 건축가의 관점에서 바라본 구조와 혁신적인 구조디자이너들의 사례들을 소개하고 이를 통해 구조를 건축 디자인에 통합하여 접근할 수 있는 가능성을 탐구해보려한다.

범위와 영역

구조의 역사는 그 자체로 건축의 역사일 만큼 광대하다. 석재를 주로 사용했던 서양의 고대와 중세 석구조와 목재를 활용했던 동양(주로 동아시아)의 가구식 목구조는 문화, 철학, 종교 그리고 기후에 따른 수많은 발전 과정에 대한 이야기를 담고 있다. 그리고 그 하나하나가 건축역사의 중요한 과정이며 또한 전문분야이다. 이 책은 이러한 모든 시대를 아우르는 구조의 역사를 다루지 않는다. 이 책의 범위는 기술의 혁신과 새로운 제조 공정으로 미증유의 생산성 전환을 이룩한 산업혁명 이후, 근대건축의 탄생이라 할 수 있는 돔이노 Dom-Ino 시스템을 시작으로 논의의 범위를 한정하려 한다. 이후 철근콘크리트와 강철이 주요 구조재료가 되어 현재까지 혁신적인 건축이 만들어질 수 있었던 원인과 사례들을 이야기한다. 인류의 역사만큼 오래된 건축의 역사 중 지난 100여 년은 재료에 대한 감각과 공간의 사용이란 측면에서 볼 때, 당시의 사고가 지금과 크게 다르지 않은 '동시대'라 할 수 있다. 따라서 모더니즘 건축과 구조의 이야기를 통해 오늘이나 가까운 미래의 건축가들에게 영감을 줄 수 있을 거라 믿는다.

이 책은 다양한 구조 시스템이 어떻게 작동하는지 도해를 통해 보여주는 해설서가 아니다. 구조는 당연히 전문 기술로서 구조의 분

 구조, 보이지 않는 건축

석, 해석, 계산은 역학의 원리를 적용하는 영역이며 건축물의 규모
가 커질수록 더욱 전문성을 요하게 된다. 이 책은 이러한 전문적인
영역을 건축에 담아내려는 것이 아니다. 구조는 위로부터 내려오는
하중에 대해 수평부재가 어떻게 휨에 대응하는지, 측면에서 오는 수
평하중에 어떻게 안정성을 확보하는지의 문제로 요약할 수 있다. 이
두 가지의 개념적 원리를 바탕으로 건축가가 만드는 공간의 성격,
유형, 규모에 따라 건축은 다양한 구조 형식으로 구현된다. 구조는
건축의 구축성을 바탕으로 공간을 정의하며 그 결과 건축이 형태를
드러낸다. 건축물의 유형은 용도에 따라 구분되지만 각 용도에 적합
한 구축성이 반영되었기 때문이며 새로운 유형의 건축물은 새로운
구축에 대한 해법의 결과이다. 바로 혁신성이란 우리가 이러한 유형
과 형식에서 벗어날 때 주로 나타난다. 이 책은 구조의 역사나 해설
을 다루기 보다 새로운 공간과 건축을 만들어 낼 수 있는 혁신적인
방안을 건축가의 입장에서 고찰한 내용이 될 것이다.

책의 구성

이 책은 네 개의 장으로 구성되어 있다. 하나의 소주제에는 연관
하여 탐색해 볼 수 있는 혁신적인 구조디자인 사례들을 소개한다.
각각의 사례들은 혁신성을 기준으로 선별하였다. 건축과 구조의 혁
신성은 건축물이 기능적, 미적, 환경적으로 더 효율적이고 창의적인
방식으로 구현되는 것을 말한다. 건축물의 안정성을 유지하면서도
새로운 형태와 방식으로 공간을 창출하거나 기존의 설계 방식을 답
습하지 않고 새로운 아이디어와 방법으로 이전에 없었던 긍정적 변
화를 만드는 것이다. 무엇보다 구조적 혁신은 에너지와 자원의 소비

를 최소화하는 결과를 가져온다.

첫 번째 장 '구조디자인'은, 구조를 새롭게 바라보는 관점에 관한 내용이다. 여기에는 건축가의 입장에서 구조를 다르게 볼 수 있는 실마리를 비롯해 가장 일반적인 기둥과 보로 구성된 프레임구조의 원리와 이 원리에서 더 나아가는 재해석, 일반화된 구조에서 벗어난 새로운 해석이 포함된다. 두 번째 장 '재료와 구법'은, '건축가는 어떻게 구조재료를 선택할까?'라는 질문에 대한 답변이자 현재 가장 보편적으로 사용하는 네 가지 구조재료인 철근콘크리트, 강철, 목재, 조적조에 대한 새로운 가능성을 이야기한다. 세 번째 장 '구조의 형태, 형태의 구조'는, 형태저항구조Form active structure의 원리를 시작으로 넓은 경간의 구조방식을 통해 형태가 구조가 되며 구조가 곧 형태가 되는 이야기를 다룬다. 마지막 네 번째 장 '구조의 혁신, 혁신의 구조'는, 자연의 구조를 참조하여 효율성과 경량성을 통한 지속가능한 구조와 새로운 공간을 만들어내는 혁신적인 건축을 다룬다.

이 책을 읽는 독자들이 건축의 범위와 건축가의 역할에 대한 이해를 넓히고 기존의 구조방식 대신, 생각의 전환을 통해 새로운 공간을 창출할 수 있는 아이디어를 얻기 바란다. 세상의 모든 물체는 다양한 힘에 대응하는 구조를 가지고 있다. 이 책을 읽는 것이 주변의 작은 사물에서 건축물까지 새롭게 관찰하며 건축의 구조가 진화되는 과정이 인간의 사유가 전개되는 방식과 무관하지 않다는 사실을 확인하는 계기가 되기를 희망한다.

독자들이 이 책에서 얻을 수 있는 것이 있다면 무엇일까를 생각하다가 그에 대한 작은 대답이 될 수 있을 듯하여 그동안 필자의 강

　　　　　구조, 보이지 않는 건축

의를 들었던 학생들이 보내온 수강 소감 중 몇 가지를 소개한다.

< 구조디자인 강의 수강 소감 중 발췌 2014-2024 >

- "구조에 대한 디자인적 접근은 디자인만을 위해 구조를 짜맞추던 기존의 설계수업과 대조되어 흥미가 있었습니다."

- "재밌었습니다. 생각해 보지 못한 분야를 배워서 건축에 대한 시야가 넓어졌습니다."

- "구조역학이 아닌 구조디자인을 배움으로써 건축설계를 공부하는 데에도 많은 도움이 되었습니다. 구조가 결코 건축설계 후에 따라오는 부가적인 요소가 아니라 건축설계와 동시에 진행되어야 하는 것이며, 건축설계에서 매우 중요한 부분인 것을 알게 되었습니다."

- "'구조'라는 단어에서 조금은 더 딱딱하고 공학적인 수업을 생각했었는데, 디자인의 측면에서 구조적인 요소를 효과적으로 사용할 수 있는 획기적인 방법들을 보고, 고민해볼 수 있어서 흥미롭고 재미있는 수업이었습니다! 시험도 참 구조 디자인스러워서 좋았고, 개인 작업에 대한 리뷰도 할 수 있어서 좋았습니다."

- "구조디자인이라고 해서 구조에 관한 엄격한 검증에만 집중한 게 아니라 디자인의 한 측면으로서 생각을 전개하는 과정을 중점적으로 배운 게 좋았습니다."

I
구조 디자인

건축가는 기둥을 싫어한다?

건축가는 정말 기둥을 싫어할까?

모든 건축가가 기둥을 싫어하지는 않는다. 기둥은 여전히 구조적으로, 건축적으로 상징적이며 중력에 대응하는 가장 중심적인 요소이다. 반면에 많은 건축가들이 중력을 극복하고 싶어 하고, 부유하는 건축물에 대한 동경이 있다. 소위 '떠 있는 건축물'에 대한 생각은 결국 구조의 문제로 귀결된다. 기술의 진화로 일반적인 건축물들은 구조에 대한 큰 고민 없이 지어지지만, 위대한 건축물에는 혁신적인 구조디자인이 필요하다. 이 책은 구조 시스템이 어떻게 작동하는지에 대한 설명보다는 혁신적인 구조에 관한 이야기다. 구조계산에 앞서 행해지는 초기 형태의 계획에서부터 구조디자인과 건축디자인의 관계를 더 잘 이해하기 위한 건축가의 '구조 디자인' 이야기이다.

"Structure is not just a means to a solution.
It is also a principle and a passion."
- Architect and furniture designer, Marcel Breuer

대학에서 건축학과 학생들을 가르치며 안타깝게 느끼는 것은, 아직까지도 구조 수업이 디자인 과정에서 분리되어 있다는 점이다. 필자가 처음 건축공부를 시작한 90년대 중반에도 구조수업은 가장 하기 싫고, 관심 없는 과목이었다. 30년이 지난 지금도 학생들의 입장은 별반 다르지 않은 것 같다. 구조는 여전히 재미없고 디자인과 무관하며 접근하기 어려운 주제로 인식한다. 이렇게 공부한 학생들이 졸업 후 이어가는 건축실무에서도 구조는 건축가가 완성한 설계에 맞춰 엔지니어가 계산하고 해결해야 하는 '업무'로 인식된다.

필자가 평소 싫어하던 구조에 관심을 가지게 된 것은 AA스쿨에서 공부하면서부터이다. 영국 런던에 있는 AA스쿨The Architectural Association School of Architecture, AA School은 실험적이고 혁신적인 건축 교육으로 잘 알려져 있으며, 렘 콜하스Rem Koolhaas, 동대문 DDP를 설계한 자하 하디드Zaha Hadid, 용산의 아모레퍼시픽 사옥을 설계한 데이비드 치퍼필드David Chipperfield 등 저명한 건축가들을 배출하였다. 이 학교는 일반적인 대학 시스템과 다르게 독창성과 실험정신을 강조하는 교육목표를 유지하기 위해 지금까지 독립적으로 운영되는 사립건축학교이다. 무엇보다 전통적인 방식의 강의보다는 각 설계 스튜디오에서 진행하는 프로젝트 중심으로 운영된다. 필수과목 역시 스튜디오와 프로젝트를 지원하는 기술프로그램 Technical Studies(현재는 Environmental and Technical Studies

로 변경)과 역사, 이론이 포함된 이론프로그램General Studies(현재
는 History and Theory Studies로 변경) 정도이다. 특히 구조와
관련된 기술프로그램은 관심 있는 건물과 구조의 사례조사를 시작
으로 학생이 진행하는 프로젝트의 구조 및 기타 기술적인 사항들을
연계하여 학습한다. 필자가 수학했던 석사과정에서의 프로젝트는
'나무의 형태학Tree Morphology'이었다. 한국에서 주어진 대지와 프
로그램에 맞는 설계 과제만 해봤던 것과 달리 자신만의 관심사를 프
로젝트의 주제로 설정하여 발전시키는 과정이 힘들기도 했지만 흥
미진진한 방향이기도 했다. 특히 '나무'의 형태에 대한 이야기는 구
조와 밀접한 관련이 있었다. 자연의 구조를 떠올리면 가장 먼저 생
각나는 것이 기둥과 같은 수직적 형태의 나무이기 때문이다. 프로
젝트를 위해 실제 나무의 구조적 특징과 성장패턴에 대한 분석부터
그때까지 알지 못했던 나무 구조Tree-like structure를 활용한 수많은
사례들을 살펴보게 되었다. 프로젝트는 여러 나무들이 모여 집합을
이룰 때 가지들이 확장되며 숲을 이루고 영역을 설정하는 방식을 응
용하는 내용이었다. 제안한 캠퍼스의 다양한 프로그램에 따라 형태
를 달리하며 연속되거나 때로는 영역을 생성하는 모습을 숲속에 배
치하여 자연과 병치시킴으로서 숲 풍경의 일부로서 역설적인 모순
과 유사성을 만들어내는 시도였다.

이 작업과정에서 프라이 오토Frei Otto의 책 『형태찾기: 미니
멀한 건축을 향하여Finding Form towards an Architecture of the
Minimal』를 접하고 탐독했다. 이 책은 필자가 가장 좋아하는 건축
서적이 되었으며, 아울러 프라이 오토는 동경하는 건축가로 남아있
다. 특히 기술프로그램을 통해 나무의 구조와 건축에서 나무의 원리

AA스쿨에서의 프로젝트 최종모형

를 활용할 때의 차이를 이해하고 실제 건축물의 구조로 전환하는 방안들을 탐구해본 경험은, 그전까지와는 전혀 다른 시각에서 건축의 구조를 새롭게 바라보는 계기가 되었다.

구조가 건축에서 멀어진 것은 단순히 건축가들과 학생들의 무관심에서 비롯된 것은 아니다. 산업혁명으로 시작한 현대화 과정에서 강철과 철근콘크리트가 건축의 구조재료로 각광받았는데, 이들 재료가 기존의 목재와 벽돌 등의 구조재료보다 훨씬 강도가 뛰어났기 때문이다. 이를 통해 건축가들은 디자인 과정의 구조에 대한 고민에서 어느 정도 자유로워질 수 있게 되었다. 일반적인 형태와 규모의 건물들은 대부분 강철과 철근콘크리트의 기둥과 보로 구조를 해결할 수 있게 된 것이다. 이는 근대 이전에 건물의 구축방식에 대한 심도 있는 고찰이 건축 디자인의 핵심이었던 것과 비교해볼 때, 커다란 대조를 이룬다. 강철과 철근콘크리트가 전 세계로 보급되고 보편화되면서 어느새 구조의 문제는 우리에게서 멀어졌다.

건축은 언제나 중력에 대응하여 세워지는데 오늘날의 건축은 더욱 복잡해지면서 효율성을 찾는다. 일부 건축가들은 여전히 그들의 건축물이 '부유'하길 바라고 기둥을 가능한 한 피하려 한다. 필자는 구조 역시 건축가의 디자인 의도에서 나온다고 믿는다. 이는 시대마다 가능한 재료와 시스템을 통해 환경에 대응하고 공간을 만들어내기 위한 건축가의 의도이다. 따라서 구조에서 자유로울 수 있는 방법은 구조를 잘 다루는 것이다. 구조는 건축물에서 20~30퍼센트의 볼륨을 차지한다. 다른 설비까지 포함하면 40~50퍼센트까지 된다. 전체 공사비로는 예산에 절반을 점유하는 부분을 건축가의 사고가 미치지 않고 무관하게 존재한다면 건축가의 역할은 제한적일 수밖에 없다. 건축가가 자신의 영역이 아니라 인정하고 엔지니어들의 방식을 수용할 수밖에 없다면 건축물을 온전히 건축가의 사고에서 비롯된 것이라 말할 수 있을까? 생각해 볼 문제이다.

　구조, 보이지 않는 건축

건축가와 구조엔지니어

석재와 목재가 유일한 건축 재료였던 시대에는 건축가와 엔지니어의 구분이 명확하지 않았다. 건물이 세워질 수 있는 가능성을 탐구하되, 기존의 구법을 존중하여 만들어내는 것이 건축가였으며, 동시에 엔지니어였다. 강철과 철근콘크리트로 웬만한 크기의 건물들을 문제없이 지을 수 있게 되자 건축가와 구조엔지니어가 분리되는 현상이 나타나게 되었다. 엔지니어라는 단어는 프랑스어인 'ingénieur'에서 나왔다. 이는 '창의적인 기술을 가지고 문제를 해

이게 안 무너지면 내가 설계한 거고, 무너지면 당신이 한 거야…
〈건축가(나)와 구조엔지니어(당신)의 관계를 풍자한 만화〉
©Lindsay Foyle

결하는 사람'을 뜻한다. 그러나 엔지니어는 문제를 '해결하는 사람'으로만 남게 되었다. 반면에 혁신적인 제안들은 여전히 '창의적인 기술'을 필요로 한다. 또한 각각의 전문 영역에만 충실하기보다 역할의 경계를 벗어나 건축가가 조각가가 되고, 기술자가 디자이너가 되고, 예술가가 건축가가 되었을 때 더 창의적이고 혁신적일 가능성이 높아진다. 건축가가 구조기술자가 될 필요는 없다. 하지만 건축가가 구조에 대해 폭넓게 이해할 수 있을 때, 그리고 건축가와 엔지니어간의 협업이 더욱 적극적으로 이루어질 때 구조는 디자인의 영역으로 확장된다.

일반적으로 우리가 가진 고정 관념은, '디자인은 건축가, 구조는 엔지니어'라는것이다. 또한 디자인이 먼저 완성되고, 구조는 어떻게든 디자인을 해결하는 것이라는 생각이다. 실제로 일반적인 중소형 건축물들은 이러한 방식으로 진행된다. 건축가들이 갖고 있는 구조 지식과 경험으로 디자인을 하고, 구조계산을 구조기술자에게 의뢰하는 방식이다. 이러한 경우에도 건축가는 구조에 대한 기본적인 지식이 있어야 하며, 그에 맞춰 디자인을 해야 추후에 구조 문제와 관련해서 설계를 변경하는 경우가 줄어든다. 반면에 더 큰 규모의 건물이나 특별한 외관을 요하는 경우는 디자인 초기단계부터 구조기술자와 협업하는 것이 바람직하다. 기둥간격이 넓은 무주공간無柱空間(건축물의 내부에 기둥을 사용하지 않는 넓은 면적의 공간), 또는 고층건물, 비정형의 형태는 건축가의 의도와 더불어 '구조시스템'이 더 중요하게 작동하는 건축물이기 때문이다. 이를 위해 기본적인 구조의 이해와 새로운 구조적 방법론을 찾고자 하는 건축가의 노력이 필요하다. 다양한 구조형식과 구조재료의 해석 및 가능성에 대한 이

해가 중요한 것이다.

　예를 들면, 집을 지으려는 의뢰인이 상담차 방문해서 빼놓지 않고 하는 질문이 "어떤 구조재로 해야 좋은가?"라는 것이다. 일반적인 2층 단독주택을 짓는데, 목구조가 좋을지, 철근콘크리트가 좋을지, 아니면 철골조로 지어야 하는지 궁금해 한다. 기술적으로는 모두 가능하다. 그러나 각 구조재가 어떠한 장단점이 있으며, 공사비, 공사기간, 단열성능, 건축물의 형태, 대지의 조건 등 다양한 상황과 조건에 맞는 구조재를 추천하고 설명해주는 것도 건축가가 할 일이다. 건축물의 크기가 더 커지고 복잡한 상황일수록 구조재의 선택은 더 중요해진다. 어떤 건축물은 특정 구조로만 가능한 경우도 있고, 또는 어려울 것 같은 구조재를 혁신적인 방법으로 구현해 낼 수도 있다. 따라서 구조재 각각의 성질과 특성을 충분히 이해하고 재료의 특성을 적용할 수 있어야 한다. 더 나아가서 재료의 단점을 창의적인 방법으로 극복하여 독특한 건축물을 만들어 낼 수도 있다.

　구조에서 또 주목할 점은 건축물의 구조적 효율성과 경량성이다. 오늘날엔 더욱 복잡한 형태의 건축물들이 등장하면서 유기적이거나 비선형Non linear(2개의 변수의 크기가 비례하지 않는 관계를 이루는 것)의 건축물들을 만들기 위한 구조방식이 주목받고 있다. 여전히 강철과 철근콘크리트의 구조적 강도를 통해 비효율적이고 비경제적인 구조로 형태를 만들어내기도 하지만 형태와 구조의 통합을 통해 효율적이고 최적화된 구조를 찾기도 한다. 자연의 구조가 '최소한의 재료와 최소한의 에너지로 최대의 성능과 강도를 만들어 낸다'는 점에 주목하면, 건축물도 효율적이고 경량화된 형태와 구조가 되는 것이 당연하며 이는 지속가능성을 위한 건축물의 중요한 화두가 된다.

우리는 잘 모르거나 두려운 대상을 싫어한다. 구조를 다루는 문제가 기피의 대상이 되거나 제약으로 남게 되면 건축가는 아는 만큼만 디자인하게 되며 그러한 방법으로는 혁신적인 건축물이 만들어지지 않는다. 건축가가 구조전문가가 되지 않더라도 좀 더 이해를 넓히고 협업에 열린 마음을 갖는다면 우리는 좀 더 자유로울 수 있고 더 나아가 보다 효율적이고 혁신적인 건축물을 만들어낼 수 있다고 생각한다.

"It's about finding ways to render the collaboration between architects and engineers more and more fruitful. A collaboration which has to start at the beginning of architectural planning in order to avoid formalistic excess as well as technically impracticable solutions."
- Pier Luigi Nervi, Critica delle strutture (on the topic of architects and engineers), Casabella, 1959 223, gennaio

"건축가와 엔지니어가 보다 생산적으로 협업할 수 있는 방법을 찾는 것이 관건이다. 과장된 형태나 기술적으로 실현 불가능한 계획안을 피하려면, 계획 초기 단계에서 양측이 협업해야 한다."
- 피에르 루이지 네르비, 「구조의 비판(건축가와 엔지니어를 주제로)」, 《카사벨라》, 223호(1959년 1월), pp. 54-56

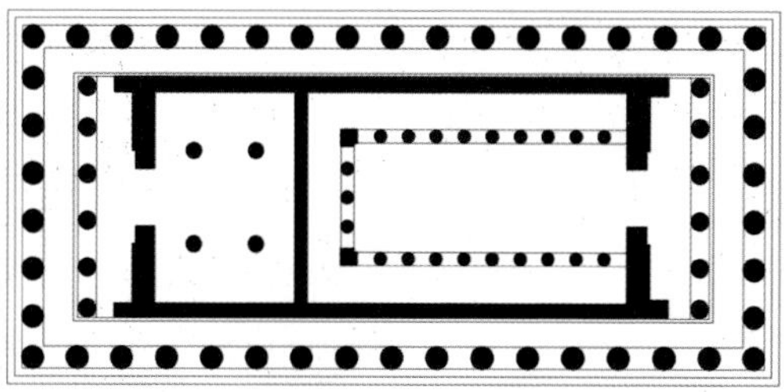

파로테논 신전(Parthenon), 432 BC

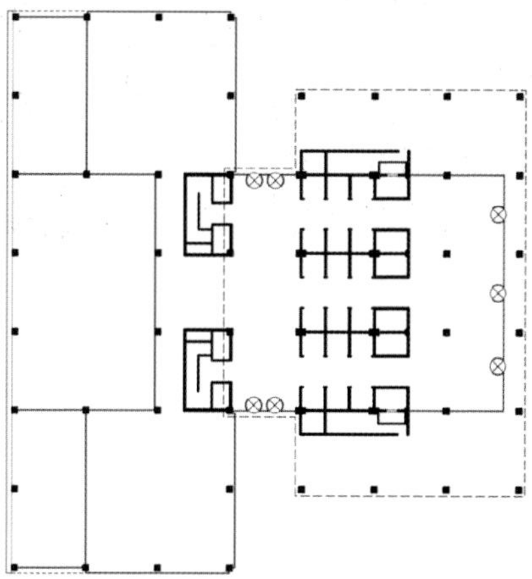

시그램 빌딩(Seagram Building), 1958

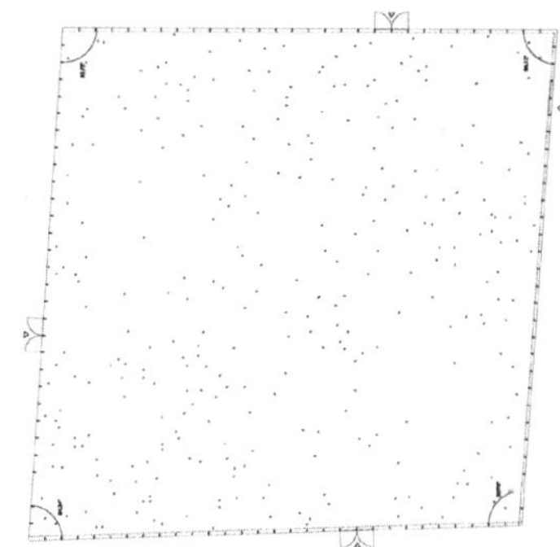

가나가와 공과대학 공방(KAIT Workshop), 2008

구조요소(벽, 기둥)가 평면에서 갖는 역할과 규모, 존재방식을 비교해 볼 수 있는 세가지 사례.
축척은 동일하되 시대와 기능, 재료는 모두 다르다.

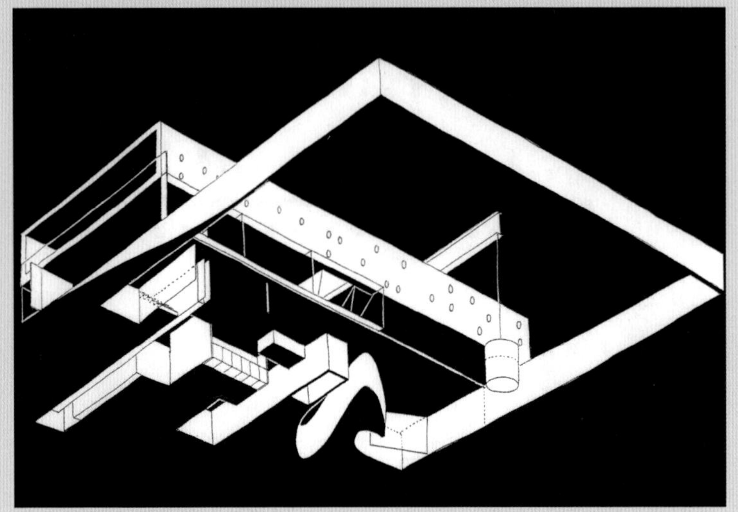

보르도 주택   Maison à Bordeaux
OMA & 세실 발몬드   Cecil Balmond, Arup
                      1998년 완공
주택   HOUSE
프랑스 보르도   BORDEAUX, FRANCE

세실 발몬드가 OMA와 함께 만든 '보르도 주택'

세실 발몬드Cecil Balmond(1943~)는 스리랑카 출신의 구조기술자이자 디자이너 및 예술가로 동시대에 가장 중요한 창작자 중 한 명으로 알려져 있다. 1968년 세계적인 건축기술회사인 오브 아룹Ove Arup에 입사하여 부회장이 되었으며, 2000년부터 회사 내부에 AGU(Advanced Geometry Unit)를 운영하며 국제적으로 유명한 건축가와의 협업으로 선구적인 작업을 해왔다. 이 부서는 건축가, 수학자, 프로그래머, 예술가, 음악가 및 과학자를 한자리에 모아 다양한 질서와 패턴을 탐구하고 음악, 알고리즘 등을 통해 구조적 형태에 영감을 주는 방법을 연구해왔다. 2011년부터는 발몬드 스튜디오Balmond Studio를 설립하여 예술과 건축 디자인이 연계된 구조와 형태에 대한 컨설팅을 이어가고 있다.

세실 발몬드를 처음 알게 된 것은, 2002년 출판된 그의 저서『비형식Informal』(한국어 번역판『건축의 비형식을 향한 선언』)을 통해서다. 다양한 분야 전문가들과의 협업으로 건축물이 완성되었을 때, 그 건축물을 만들어낸 디자이너로서 주목받는 주인공은 건축가다. 다른 분야의 기술자들은 사람들의 관심을 받지 못하는 조연이 된다. 그러나 발몬드는 조연에 머물지 않고 자신만의 독창성으로 주연의 자리에 올라선 사람이다. 세계적으로 건축계의 베스트셀러가 된 이 책은 '비형식Informal'이란 책제목이 암시하듯, 형식을 벗어난 독특한 건축과 구조의 이야기를 다룬다. 책의 형식 또한 일반적인 책의 구성을 벗어나 정형화를 탈피한다. 이 책은 한국에서도 리움미술관, 서울대학교 미술관의 설계로 잘 알려진OMA(Office for Metropolitan Architecture)의 대표 렘 콜하스와 협업한 보르도 주택Maison à Bordeaux에 대한 대화로 시작한다. 여러 전문분야의 경계를 초월한 협업이 시너지를 일으켜 전에 없던 혁신적인 건축물을 만드는 데 중요한 역할을 한다는 것을 강조한다. 실제로 세실 발몬드는 렘 콜하스와의 협업을 시작으로 건축계에서 주목받은 후, 98년 포르투갈 엑스포 주제관Expo'98 Portuguese National Pavilion의 20cm 두께의 처진 콘크리트 면으로 폭 70m의 기둥 없는 캐노피 공간을 만들어낸 알바로 시자Álvaro Siza와의 협업으로 유명해진다. 그리고 일본의 이토 도요Toyo Ito, 반 시게루Shigeru Ban와 만들어낸 놀라운 작업 등 수많은 건축물과 파빌리온을 선보여 왔다. 더 나아가 세계적인 조각가이자 설치 예술가인 아니쉬 카푸어Anish Kapoor와의 협업으로 건축의 범주를 넘어 예술작품에도 그의 철학과 혁신적인 기술을 보여주었다.

그는 구조기술자의 범주를 넘어서, 건축가이자 예술가로서 새로운 가능성을 탐색하며 건축과 구조의 한계를 뛰어넘고 있다. 그의 또 다른 저서『크로스오버Crossover』(한국어 번역판『건축, 경계를 넘나들다』)도 제목에서 알 수 있듯이 협업에 대한 그의 생각을 잘 드

　　　　　　구조, 보이지 않는 건축

러내는 책이다.

세실 발몬드의 구조에 대한 해석과 접근은 단순히 문제를 해결하려는 접근과는 다른 전혀 새로운 방식이다. 이는 기본적으로 구조를 디자인의 제약으로 보는 대신, 새로운 가능성을 탐구하는 실마리로 보는 태도에서 기인한다. 과학, 기하학, 비선형 구조에 대한 독특한 탐구를 통한 그의 접근방식은 다양한 건축철학을 가진 건축가들과의 협업으로 개별 건축물마다 맞춤형 해법을 제시함으로써 하나의 방향성을 갖기보다 새롭게 사유할 수 있는 계기를 만들어 주는 작업이라 할 수 있다.

보르도 주택 Maison à Bordeaux

프랑스 보르도에 지어진 렘 콜하스의 OMA가 디자인한 이 주택에는, 기존에 보지 못한 독창적인 건축물이 될 수밖에 없는 배경이 있다. 보르도의 아주 오래되고 아름다운 집에 살고 있던 의뢰인 부부는 새 집을 짓기 위해 이 지역에서 고풍스럽고 아름다운 집을 짓는 건축가들을 알아보고 있었다. 그러던 중 불행하게도 남편이 교통사고를 당해 반신불수가 되어 휠체어로 생활해야 하는 상황이 되었다. 이들은 2년 후 다시 집을 지어야겠다고 생각했는데, 휠체어로 움직이기 편한 단층의 단순한 집을 원할 거라는 일반적인 예상과 달리 복잡한 집을 원했다. 이제 집은 남편의 세계, 그 자체가 될 것이기 때문이다. 이들은 주변으로 넓게 펼쳐진 전망이 있는 언덕위에 땅을 구입한다. 그리고 '복잡한 집'을 짓기 위해 보르도의 건축가가 아닌 실험적이고 전위적인 사상을 가진 건축가를 찾는다. 그 주인공이 바로 당대 건축계의 신성으로 떠오른 렘 콜하스다.

렘 콜하스는 3개 층의 집을 제안하였는데, 박스 모양의 단순한 형태이지만 내부공간 구성은 복잡해서 마치 세 개의 고유한 특성을 가진 다른 집을 쌓아 올린 듯한 모습이다. 집의 중심에는 3개 층을 오르내리는 엘리베이터를 설치하여 남편에게 움직이는 방이자 플랫폼을 만들어 주었다. 1920년대 르 코르뷔지에가 주장한 '집은 살기 위한 기계machine for living'라는 개념이 70여 년이 지난 후, 또 다른 버전으로 실현된 셈이다.

렘 콜하스가 세실 발몬드에게 요청한 것은, 아래의 유리로 둘러싸인 거실 위에 방들로 구성된 상부의 박스가 떠 있게 하자는 것이었다. 지상에 세워지는 그 어떠한 구축물도 중력을 거스를 수 없으니 완전히 부유하는 건축물은 불가능하다. 이에 세실 발몬드는 테이블을 떠올리며 생각을 발전시켜 나간다. 일상에서 흔히 보는 테이블은 얇은 상판이 안정적인 4개의 다리위에 올려져 있어 '떠 있는' 것

부유하는 보르도 주택

구조, 보이지 않는 건축

의 가장 원초적인 형태로 볼 수 있다. 이를 응용한 사례 중 현대건축의 고전이 된 르 코르뷔지에의 빌라 사보아Villa Savoye를 떠올려 보면 유사성과 한계를 함께 발견할 수 있다. 빌라 사보아는 근대 건축의 5원칙(필로티, 자유로운 평면, 자유로운 입면, 연속적인 수평창, 옥상정원)을 보여주는 현대건축의 원형으로서, 무엇보다 5원칙 중 가장 중요한 요소로 인식되는 필로티에 의한 지상층의 해방을 잘 나타낸다. 과거 두꺼운 구조벽이 지상층까지 내려와야 했다면, 세장한 기둥으로 대체되어 전에 없던 개방성과 유연성을 가지게 되었으며, 상부가 떠있는 모습이 된 것이다. 그러나 세실 발몬드는 이를 한계로 보았는데, 고전주의 규율을 연상시키는 엄격한 그리드 체계에서 만들어진 연속된 기둥들과 대칭성이 부유하는 박스의 역동성을 해친다고 생각했다. 그는 여러 대안을 검토한 후, 최종적으로 다시 테이블 구조로 돌아와 대칭성을 깨뜨릴 수 있는 방법을 고안했다. 테이블을 지지하는 4개의 다리 중 두 개를 테이블 밖으로 빼어놓고, 한쪽 테이블 상판을 위로 잡아당겨 지지하는 방식으로 원하던 역동성을 확보하기로 한 것이다. 이 역동성은 평면상의 지지 점들의 측면 이동과 입면상의 지지 방식의 변경을 통해 왜곡된 긴장감을 만들어내며, 불안정성의 순간으로 확정하여 발현된다. 통상적인 균형 개념을 깨고 불안정성의 순간에 영원성을 부여한다.

구조적으로, 한쪽 끝에는 박스가 아래쪽 보에 놓여지고, 다른 쪽 끝에서는 그 무게가 지붕 대들보에 매달려 있어 위태로움을 연출한다. 무게의 균형을 맞추는 케이블은 박스의 바깥에서 대각방향으로 배치된 기둥의 원리를 모방하지만, 각 단면은 반대의 모습을 띠게 된다. 이렇게 하중을 견디는 방식은 모순적으로 보이지만, 상자의

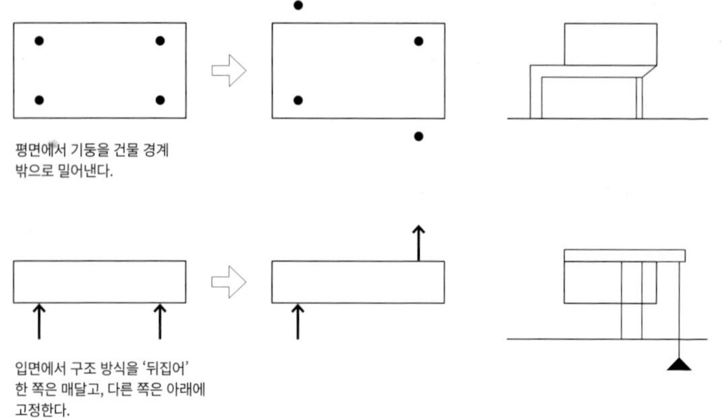

세실 발몬드가 떠 있는 구조를 만든 사고과정

무게가 한쪽에선 땅에 지지되고, 다른 한쪽에선 공중에 매달려 한 방향으로 당겨진 다음 다른 방향으로 당겨지며 해결된다. 이는 일반적인 균형의 원리인 대칭을 거부한 결과로서, 다소 과장된 평면과 입면의 모습을 통해 테이블의 모습은 사라지고 역동성을 가진 부유하는 모습이 구현되었다. 이러한 역동성은 단순히 구조적 혁신을 위한 것만은 아니다. 렘 콜하스의 건축 철학은 기존의 규범과 전통을 넘어서는 실험적이고 혁신적인 접근을 중시하는데 이는 1980년대 후반과 1990년대 초반에 등장한 해체주의 건축Deconstructivism과 연계하여 생각해 볼 수 있다. 해체주의 건축은 구조와 형식에서 전통적인 규범과 대칭을 깨고, 비선형적이고 비정형적인 디자인을 추구하며 불균형과 파편화된 요소들을 강조한다. 렘 콜하스는 해체주의 건축을 표방하는 건축가는 아니지만, 그의 건축적 접근은 해체주의의 핵심적 요소인 형태의 해체, 기능의 중첩, 복잡한 공간 조직 등을 포함한다. 특히, 보르도 주택을 작업하던 시점은 해체주의가 등

구조, 보이지 않는 건축

장한 직후로 렘 콜하스의 작업 중 가장 해체주의적 경향이 잘 드러
난 때로 꼽힌다. '복잡한 집'을 원하는 의뢰인의 요청을 수용하여 하
나의 완결된 형태라는 주택의 전형성을 갖추면서도, 층마다 다른 형
식으로 해체하고 3개 층을 오르내리는 실내 엘리베이터를 통해 각
층은 고정적인 대신 유동적이며, 중첩되고 변화하는 '복잡함'을 획
득한다. 허공에 떠 있는 듯한 건물의 외관 역시 단순한 시각적 효과
가 아닌 건축과 중력의 관계를 재정의하는 실험이자 신체장애로 인
한 의뢰인의 제한적인 삶에 역동성과 해방감을 제시하는 역할로 볼
수 있다.

구조디자인은 기술인가, 디자인인가

구조디자인이란 무엇인가

건축물의 구조는 무엇인가? 구조는 힘과 하중, 그리고 다른 환경적인 요소(주로 눈, 지진 등)의 영향에서 건물의 형상을 유지할 수 있도록 하는 것이며, 건축물 전체 또는 일부가 무너지거나, 파손, 변형이 생기지 않도록 하는 것이다.

따라서 구조는 위와 같은 문제가 발생하지 않도록 하는 '기술Engineering'이며 포괄적인 범위에서 구조 디자인은 구조의 안정성을 목표로 하는 '구조설계'로도 표기할 수 있다. 그러나 기술 영역의 구조분석과 구조계산을 구조설계Structural Engineering로 분류한다면, 구조디자인Structural Design은 조금 더 '디자인'의 영역에 가까운 용어다.

구조디자인에 대한 절대적인 정의는 없다. 일반적으로는 구조의 아름다움을 드러내는 디자인, 예를 들어 산티아고 칼라트라바Santiago Calatrava Valls의 작업들과 구조적 표현주의Structural Expressionism로 대변되는 하이테크 건축High-tech architecture을 중심으로 언급할 수도 있다. 그러나 여기서 이야기하고 싶은 구조디자인은 현실적 제약을 더 혁신적인 구조방식으로 풀어낸 디자인과 정

형화된 구조에서 벗어나려는 건축가의 의도에서 비롯된다고 생각
한다.

*"구조 설계는 과학이나 기술 그 이상의 것으로 예술과 상식, 감정과 적성에도 연관된다.
아울러 과학적 계산을 통해 마무리될 구조물이, 요구조건에 맞게
안전하고 튼튼하다는 것을 입증하는 결과물을 만드는 즐거움에도 깊이 관련된다.
이 과정에서 필요한 수학은 설계자가 청사진 도면에 표현한 자신의 아이디어를
건물로 실현하기 위해, 계획된 구조물의 물리적 비율과 세부 사항을 결정하는 데
쓰이는 편리한 도구일 뿐이다."*

- 에두아르도 토로하

제약조건을 극복하는 디자인과 건축가의 의도

건축물을 설계하다 보면 보편적인 구조형식으로 해결하기 어려
운 여러 가지 조건들과 직면한다. 그중 가장 큰 제약은 대지의 조건
이다. 예를 들어, 차로, 기찻길 등이 있는 대지 위에 건축물이 세워
져야 할 때도 있고, 일반적인 크기의 구조용 자재를 반입하기 어려
운 조건일 때도 있다. 이는 통상적인 기둥간격으로 건물의 기초를

내리기 어려운 상황이거나 일반적인 공사가 불가능한 열악한 조건의 지역에서 발생한다. 이러한 조건에서는 더 창의적이고 혁신적인 구조의 '디자인'이 필요하고 이는 기술적 구조계산의 영역을 넘어서는 부분이다.

예를 들어, SOM(미국의 대형설계회사. 초고층빌딩 설계로 유명하다)에서 런던에 설계한 '브로드게이트 교환소Broadgate-Exchange House'는 런던의 중요한 기차역 중 하나인 리버풀역 철로 위에 세워졌다. 공사 중에도 철도가 운영될 수 있게 하려고 중간에 기둥이 없는 76m 경간의 건물과 교량의 복합구조로 디자인했다. 흔히 보는 육중한 철제 교량의 형태 대신에 건물 전체가 4개의 아치로 지지되는 구조방식으로, 저층부는 개방감 있는 광장으로 이어지고 상층부는 내부 기둥이 없는 10개 층의 업무공간을 만들었다. 대지의 제약을 극복하기 위해 건축적인 스케일을 벗어나는 구조방식을 적용해,

브로드게이트 교환소

   구조, 보이지 않는 건축

우아한 건축적 해법을 제시했다.

유사한 사례로 영국의 노먼 포스터Norman Foster가 설계한 홍콩 상하이 뱅크 사옥Hongkong and Shanghai Bank Head-quarters이 있다. 여기는 두 가지의 제약이 있었는데, 하나는 홍콩의 유명한 풍수지리학자가 주장한 '홍콩경제를 살리는 중요한 맥이 산에서 내려와 대지를 가로질러 바다로 가기 때문에 건물이 길을 막고 있으면 안 된다'라는 지적이었고, 둘째는 빠듯한 공사기간에 맞춰야 하는 일이었다. 건축가는 대지의 가운데를 비우고 현수교 구조의 원리를 적용하여 양쪽의 기둥에 업무시설을 매다는 안을 제안했다. 공기단축과 품질향상을 위해 사전제작(미리 공장에서 만들어, 현장에서는 조립만 하는 방식) 방식으로 완성되었다. 당시 홍콩은 사전제작이 어려워 대부분의 구성요소를 미국, 영국, 일본 등에서 제작하고 홍콩으로 배송하였다. 또한 중앙코어를 벗어난 최초의 초고층빌딩으로 가

홍콩 상하이 뱅크 사옥의 열린 지상층은 공공의 공간으로 활용된다.

운데를 비움으로써 주된 구조와 코어가 양쪽으로 배치되어 업무공간은 보다 유연하고 개방적인 공간이 되었다. 이러한 혁신성으로 지어진 지 40년이 되어가는 지금까지도 홍콩의 명물이자 건축역사에 하이테크 건축의 대표작으로 남아 있다.

구조디자인의 또 다른 축은 건축가의 '의도'이다

건축가들은 곧잘 일반적인 구조로 해결되지 않는 생각과 아이디어를 만들어낸다. 보편적으로 사용되는 격자 프레임구조에서는 내부 및 외부의 공간 역시 일반적인 모습을 띨 수밖에 없다. 아마도 많은 건축가들이 그것을 깨고, 본인만의 아이디어가 드러나는 건축물을 만들고 싶어 할 것이다. 건축물의 구조는 건물의 뼈대와 같아서, 외부의 재료가 다르더라도 유사한 구조형식의 건물들은 유사한 외형이 되기 마련이다. 그렇다면 일반적이지 않은 독특한 형태의 건물을 지으려면 어떤 구조를 적용해야 할까? 하나는, 구조가 비효율적으로 과하게 적용되는 것을 감내하더라도 원하는 형태를 만들어내는 방법이 있고, 또 하나는 건축가의 의도에 맞는 혁신적이고 창의적인 구조디자인으로 효율적이고 의도에 부합하는 계획을 하는 방법이 있다.

예컨대, 스위스 건축가인 크리스티안 케레즈Christian Kerez가 2007년 완공한 '하나의 벽으로 된 집House with One Wall'은 한국의 땅콩주택과 유사하게 두 개의 세대가 붙어 있는 방식이다. 하지만 일반적인 외벽 또는 기둥을 배제하고 두 세대를 가르는 하나의 접힌 folded 벽으로만 지지해, 이 구조벽으로 공간을 구분하고, 외부를 향한 벽은 유리로 만들어 완벽한 투명성을 얻게 했다.

　　　　　구조, 보이지 않는 건축

중력에 대한 다른 생각

많은 건축가들이 중력에 대항하는 건축물을 만들고 싶어 한다. 이는 중력에 순응하는 수직적인 요소에 대한 반감이며 한편으론 부유하는 건축물에 대한 열망이다.

뉴턴의 중력을 설명할 때 흔히 나무에서 떨어지는 사과를 이야기한다. 사과가 나무에서 떨어질 때 무게로 인한 수직의 직선운동으로 떨어지는 것은 분명하다. 그러나 나뭇잎이 떨어질 때는 이야기가

하나의 벽으로 된 집

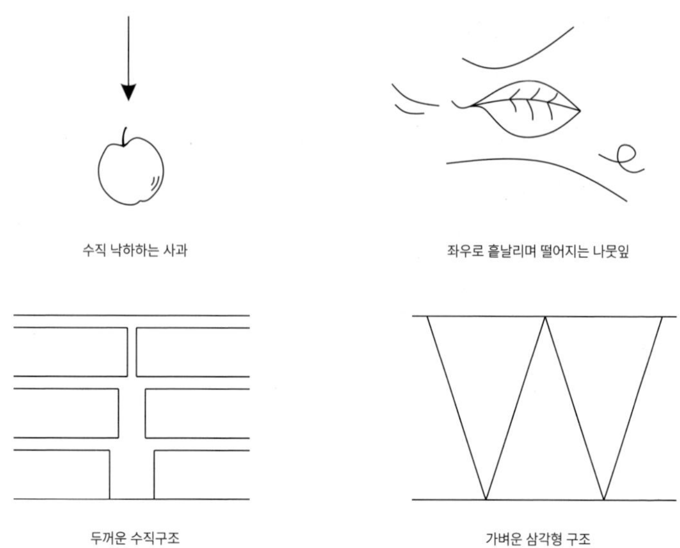

중력에 대응하는 다른 생각

달라진다. 나뭇잎은 천천히 그리고 절대 수직으로 낙하하지 않고 바닥에 떨어진다. 동일한 중력을 적용받지만 나뭇잎은 사과보다 가벼우며 공기저항을 초래하는 형태여서 더 자유롭게 떨어지기 때문이다. 역사적 건축물이 증명하듯이 하중은 모두 수직으로 작용하여 건물의 가장 높은 곳에서 수직벽과 수직 기둥을 통해 땅으로 내려오도록 되어 있다. 이는 압축력에만 강한 돌, 벽돌 등의 재료를 사용하는 조적식 구법의 한계 때문이지만, 현대에는 인장력이 강한 강철과 철근콘크리트를 사용할 수 있게 되었고 몇몇 건축가들은 수평, 수직 부재만으로 이루어진 건물에 지루함을 느낀다. 조금 더 비용이 들더라도 복잡하지 않은 방식으로 사각프레임과 수직기둥에서 벗어날 방법들을 찾게 된 것이다.

세실 발몬드는 보르도 주택 이야기를 하면서 "렘 콜하스가 늘 그

렇듯이 확신과 야망에 찬 다급한 목소리로, 보르도 주택을 날 수 있
게 만들어달라고 요청해 왔다"고 말한다. 건물을 공중에 떠 있게 하
려는 상상은 새로운 것이 아니다. 기둥을 피하려는 건축가들은 어느
시대나 존재했고, 중력을 벗어나 가볍게 부유하는 건축에 대한 요구
는 항상 있었다. 중력은 당연히 고려해야 하지만, 중력에 무조건 순
응하는 방식 대신 혁신적인 방법을 찾아내는 것이 건축가의 의도이
자 책무라고 생각한다.

건축가의 의도가 단순히 공중 부양식 공상에만 머무는 것은 아
니다. 이들은 새로운 공간과 색다른 방식의 건축을 제안하며 관습
적인 것에서부터 벗어나려 한다. 또한 현재 가능한 재료와 시스템
을 기존과 다른 방식으로 적용하여 전혀 다른 의미를 전달하려는
시도를 하고 있다. 이렇듯, 구조디자인은 구조의 아름다움을 표현
하거나 기술력을 과시하는 것만이 아닌, 제약을 극복하고 의도한
바를 완성하는 혁신을 담보한다. 구조재료의 한계보다 가능성을 탐
구하고, 형태를 위한 구조와 구조를 위한 형태라는 상호교차성의
사유를 통해 더 가볍고 효율적인 구조를 구현하는 것이 구조디자인
이라 생각한다.

하나의 벽으로 된 집   House with One Wall
크리스티안 케레즈   Christian Kerez
    2007년 완공
주택   HOUSE
스위스 취리히   ZURICH, SWITZERLAND

구조가 정의하는 공간, 크리스티앙 케레즈의 '하나의 벽으로 된 집'

크리스티안 케레즈Christian Kerez(1962~)는 2000년대 들어서며 세계적으로 주목받은 스위스 건축가다. 취리히연방공과대학교ETH Zurich에서 건축을 공부하였고 지금은 교수로 재직하고 있다. 케레즈는 형태, 공간, 구조에 대한 전통적인 개념에 도전하며 혁신적이고 실험적인 접근방식으로 인정받았다. 그는 기존에 없던 공간적 경험을 만들어내는 데 관심을 두고, 현대건축에서 일반적으로 나타나는 구축방식에 대한 의문을 던진다. 이는 다른 공간의 필요성과 이를 실현하는 구축 방법을 통합하는 그의 작업 방식에서 확인할 수 있다. 이를 위해선 필연적으로 새로운 구축 방법과 구조디자인에 대한 실험이 함께 진행되어야 한다.

그의 프로젝트 리스트를 보면, '하나의 벽으로 된 집House with one wall', '기둥 하나가 없는 집House with a missing column' 등 직감적으로 구조와의 연계성이 떠오르는 작품명을 볼 수 있다. 케레즈는 거의 모든 작품에서 구조가 하중을 지지하는 본래의 기능을 넘어서 공간을 구획하는 결정적 요소로 작용하여 건축물의 형태와 공간을 정의하게 만든다.

케레즈의 건축은 전체 구성이 하나로 통합되는 대담하고 틀에 얽매이지 않는 구조방식을 특징으로 하는 경우가 많다. 그는 시각적으로 강렬하고 개념적으로 신선한 구조를 만들기 위해 구조가 건축물 전체의 이미지를 만드는 방식, 중력을 거스르는 듯한 구조 시스템의 전환, 구조재료의 색다른 사용방식과 같은 개념을 탐구한다. 구조를 단순히 건축의 기술적 측면이 아니라 건축물 전반의 미적·공간적 경험을 형성하는 주된 도구로 사용한 것이다. 이는 구조기술자이자 취리히연방공대의 구조디자인 교수인 요제프 슈바르츠Joseph Schwartz와의 긴밀한 협업으로 이루어낸 결과다.

하나의 벽으로 된 집 House with One Wall

이처럼 구조와 공간이 통합된 관계설정은 주택 프로젝트인 ‘하나의 벽으로 된 집’에서 잘 드러난다. 2007년에 완공된 이 주택은 스위스 취리히에 있으며 작은 규모의 3개 층으로 구성되어 있다. 좁고 긴 모양의 대지에 독립된 두 세대를 위한 이 주택은, 좁은 면에 마주한 취리히 호수의 전망을 위해서 좁은 면을 반으로 나누어 각 세대에서 모두 조망할 수 있게 했다. 한때 한국에서 유행하던 땅콩주택(한 건물을 두 세대가 공유하는)과 유사한 요구사항을 케레즈는 전혀 다른 방식으로 풀어낸다. 땅콩주택의 경우, 건물을 둘러싸는 외벽과 세대를 분리하는 수직 벽이 존재한다. 그리고 이 벽들을 다른 벽 또는 보를 통해 연결하여 구조적인 안정성을 확보한다. 그러나 케레즈는 ‘하나의 벽’만으로 두 세대를 구분하며 외벽은 호수 전망과 외부를 향해 완전히 개방됨으로써 구조요소가 전혀 없이 투명유리로만 둘러싸이도록 했다.

벽 하나의 구조

두 세대를 구분하는 벽은 집 전체에 유일한 벽이며 어디에서도 넘나들 수 없다. 긴 모양의 집을 다시 긴 방향으로 이분한 벽은 남은 공간의 바닥을 캔틸레버 형식으로 지지한다. 이 벽이 지하층을 포함한 3개 층의 건축물을 지지하는 방식은 어이없을 정도로 단순하다. 한 장의 종이를 일자로 세우는 것은 불가능하지만 이 종이를 접으면 접힌 두 면 사이에 생기는 각도로 세울 수 있는 접기folding의 원리를 사용한 것이다. 층마다 각기 다르게 접힌 벽에 따라 무게중심의 균형을 바닥 전체로 분산시키며 쌓아가는 방식이다. 실제로 케레즈는 접착제를 사용하지 않고 접힌 벽들과 바닥판들로 쌓아올린 모형을 통해 구조적인 안정성을 설명하였다. 또한 층마다 다르게 접힌 벽 중에 일부 구간은 2층과 1층에서, 또 1층과 지하층에서 수직적으로 연속되어 띠줄strap처럼 잡아주어 구조를 결속하고 연결하였다.

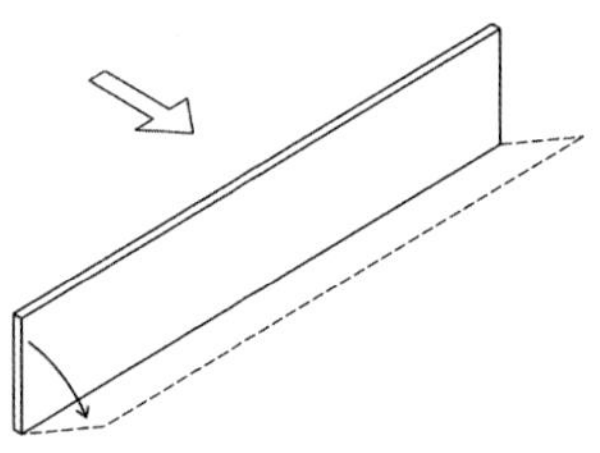

직선형 벽체는 수평하중에 쓰러진다.

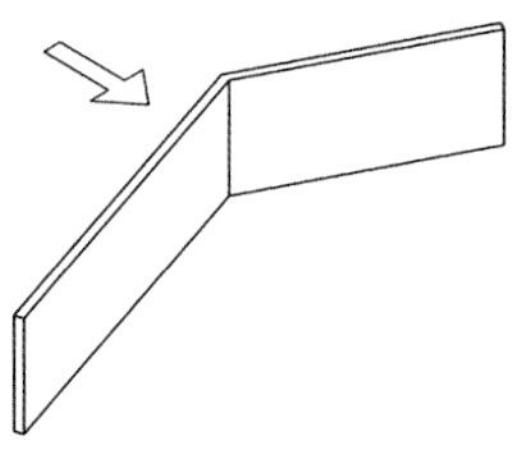

접힌 벽체는 수평하중에 저항력을 갖는다.

수평하중에 대응하는 접힌 벽체

두께 400mm의 내력벽체와 슬래브는 일체화되어 하나의 몸체로 인식되는 구조가 된다. 또한 철근콘크리트를 사용하여 재료의 통일성과 단일한 양괴감量塊感(매스감 또는 덩어리감)이 더 잘 표현되었다.

공간을 정의하는 구조

'하나의 벽'은 두 세대를 나누는 동시에 실내의 유일한 벽으로 실내공간의 영역을 정의한다. 층마다 다르게 접힌 벽 모양에 따라 한쪽이 오목하면 다른 방은 볼록하게 되며 각 세대, 각 층 공간의 모습을 결정한다. 거실과 주방으로 구성된 1층은 완만하게 접힌 벽에 따른 오픈플랜이며, 2층은 지그재그 형태로 접혀 각 세대에 삼각형 공간을 형성해 이 집의 유일하게 닫힌 공간인 화장실이 된다. 화장실을 벽의 주름 안에 숨겨놓음으로써 각 층의 방들은 길게 외부로 열린 개방적인 형태가 된다. 또한 3개 층으로 구성된 각 세대의 계단은 하나의 벽과 이어진다. 출입구부터 시작된 계단은 건축물의 전체 깊이와 높이에 맞게 한쪽 끝에서 다른 쪽 끝까지 선형으로 진행되며 내력구조인 벽의 배치에 따라 연결된다. 계단들은 각 층의 접힌 벽 부분과 일치하며 이는 밀폐되고 어두운 지하에서 상부층의 개방적이고 투명한 공간까지 연속적인 순환 흐름을 만들어낸다. 이처럼 계단에 의해 수직적으로 이어지는 공간은 외부를 향해 수평적으로 열리는 경관과 대비되며, 두께 400mm의 견고한 벽이 꿈틀거리며 만들어내는 내향적 공간감이 실내의 중심을 잡는다.

이렇게 벽 하나로 공간을 나누고, 접힌 부분을 통해 공간을 정의하며, 외벽 없이 캔틸레버 구조를 통해 개방된 전망을 제공하는 개념의 단순성은 건축을 하나의 요소로 통합한다. 케레즈는 건축이 단

 구조, 보이지 않는 건축

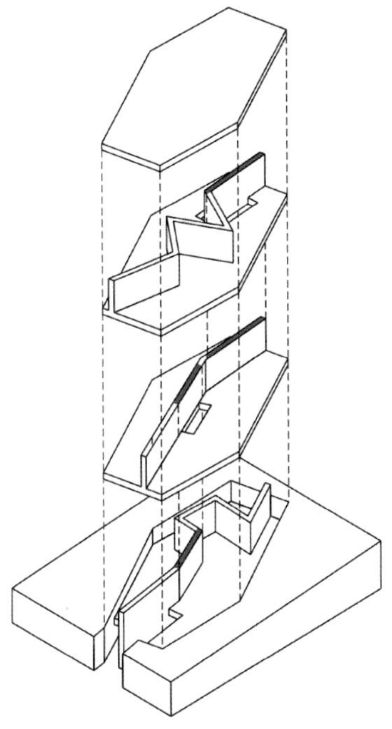

층마다 다르게 접힌 벽으로 구성된 공간

일 요소로 압축되면 결과적으로 이 단일 요소에 대한 의존성이 커지면서 건축물이 복잡성을 획득한다고 보았다. 그리고 이러한 의존성을 통해서만 하나의 벽이 설득력을 얻게 된다고 보았다. 구조와 건축적 측면 모두에서 단순성을 통해 복잡성의 개념에 접근한 것이다.

이처럼 케레즈는 구조를 건물의 물리적 하중을 지탱하는 기능적 역할을 넘어 공간을 정의하는 방식으로 활용함으로써, 기존에 없던 새로운 공간적 경험을 제공하고자 하였다. 또한 구조의 논리를 건축물의 외관에 그대로 드러냄으로써 현대건축물 대부분이 구조 시스템과는 무관한 외피로 덧씌워지는 방식과 상반된 모습을 만들어 낸

'하나의 벽으로 된 집'에서 벽으로 정의된 공간과 외부로 열린 전망

다. 케레즈는 많은 작품에서 다양한 공간과 구조의 방식을 탐구하며, 구조를 기술의 영역에 한정시키지 않고 디자인의 관점에서 바라보며 새로운 공간을 만들어 나가고 있다.

Structural composition

"For us, architecture means an indissoluble unity between material, construction, supporting structure and installations. All of these elements only have meaning when they define architectural spaces."

- Christian Kerez

구조적 구성

"우리에게 건축은 재료와 구법, 골조와 설비 간의 온전한 통합을 의미한다.
이런 요소들이 함께 건축 공간을 정의할 때만,
이들은 비로소 의미를 갖게 되는 것이다."

- 크리스티안 케레즈

돔이노Dom-Ino와 라멘조

철근콘크리트와 강철이 바꿔놓은 것

1760년경부터 영국에서 시작된 산업혁명은, 기존의 수작업 생산 방식을 기계로 전환해 공장 시스템을 통한 대량생산을 가능하게 했다. 급진적인 변화를 가져온 공장 시스템을 통해 중공업이 성장하자 주철, 강철 및 유리와 같은 새로운 건축 자재의 공급이 급격히 커졌고 건축가와 엔지니어는 기능, 크기 및 형태의 면에서 이전에는 상상할 수 없었던 구조의 실현이 가능해졌다. 대량의 철iron과 강철steel의 대량생산이 건축의 판도를 바꾸는 게임 체인저game-changer로 등장한 것은 산업 혁명의 지대한 영향으로 볼 수 있다. 특히, 하중에 대한 강도가 큰 강철은 건축에서 기존 재료의 구조적 기능을 크게 확장하여 점점 더 크고 더 가볍고 더 열린 공간을 설계할 수 있게 되었다.

콘크리트는 생각보다 오래전부터 사용되었는데, 유명한 로마의 판테온Pantheon은 지름이 43.3m의 돔dome구조물로, 무려 4,500톤이 넘는 무게의 콘크리트로 만들어졌다. 이후 콘크리트는 지속적인 발전을 거듭하여 19세기 후반, 인장력에 취약했던 단점을 보완하기 위해 내부에 철근을 넣어 만든 철근콘크리트Reinforced Concrete가 발명됨에 따라 오늘날까지 가장 보편적인 건축구조재료로 사용되고 있다.

르 코르뷔지에가 『건축을 향하여』를 출간했던 1920년대의 주택과 건축은 일반적으로 무겁고 단단한 재료로 만들어졌다. 르 코르뷔지에는 당시 오래 전부터 사용되던 돌, 목재, 벽돌에서 벗어나 새로운 재료(철과 강철)로 철도, 다리, 증기선, 자동차를 만들기 시작했듯이 건축에서도 같은 미래가 기다리고 있다고 예견했다. 그는 이전의 두껍고 육중한 재료에서 건축을 구해내기 위해 강철, 유리 그리고 철근콘크리트를 새로운 재료로 지목하고, 건축의 전환점을 만들기로 했다. 그리고 주택도 자동차와 같이 대량생산 할 수 있을 것이라 생각했다.

강철과 철근콘크리트, 이 혁신적인 두 재료를 통해 더 넓은 공간과 더 높은 건축물을 만들 수 있게 되었다. 압축력에는 강하지만 인장력에 약했던 석재로 지은 건물과 비교하여 기둥과 기둥 사이의 간격은 훨씬 더 넓어져 개방적인 공간을 만들 수 있게 되었고, 수직 기둥과 수평 보를 통해 프레임을 만들어 다층의 건물을 올릴 수 있게 되었다. 하중에 대한 강도와 인장력을 갖춘 이 두 재료는 건축역사에 큰 전환점을 만들었다.

더 높게 - 구조원리 frame structure

여러 층의 건물을 높게 짓는 가장 보편적인 방법은 기둥과 보, 그리고 슬래브로 이루어진 프레임frame 구조를 적용하는 것이다. 이는 독일어로 프레임을 뜻하는 라멘조Rahmen로 많이 불린다. 위

 구조, 보이지 않는 건축

로부터의 수직하중은 슬래브에서 보로, 보에서 기둥으로, 기둥에서 땅으로 전달된다. 바람 등의 수평하중(횡력)은 전단벽 또는 가새brace로 대응한다.

기존의 구조재료인 돌, 벽돌, 목재와 비교해 보면, 이 라멘조는 건축물의 규모에 비해서 훨씬 작은 부피의 구조를 적은 양의 재료를 투입해, 효율적으로 만들 수 있다는 게 가장 큰 장점이다. 또한 상대적으로 세장한 기둥들과 전단벽을 제외하면 내력벽이 없어서 자유로운 내부공간 구성이 가능하다. 마찬가지로 건물의 외벽도 구조역할을 하는 내력벽이 아니기 때문에 자유로운 외피의 형성이 가능해졌다. 무겁고 두꺼운 건물의 모습이 아닌 유리와 같은 투명한 재료로도 만들 수 있게 되었다. 우리가 흔하게 볼 수 있는 가벼운 유리로 감싼 '커튼월' 건물이 그 예이다. 과거 돌을 쌓아 만든 석재 건물은 내부공간과 구조의 형태가 동일한데, 외벽이 구조의 역할을 담당하기 때문에 내부공간을 감싸는 두꺼운 구조Solid Construction만이 가능했지만, 프레임구조는 세장한 구조Filigree construction로 내부적으로는 자유로우며, 외피는 구조에서 독립되어 여러 층을 쌓아올릴 수 있게 되었다.

돔이노 Dom-Ino House

르 코르뷔지에는 28세이던 1915년 혁신적 개념의 건축이론 '돔이노Dom-Ino'시스템을 창안했는데 이는 제1차 세계대전이후 폐허가 된 도시에 적은 자본으로 효율적으로 집을 짓기 위해 고안되었다. '돔이노Dom-Ino'는 집을 뜻하는 라틴어 '도무스Domus'와 혁신을 뜻하는 '이노베이션Innovation'을 결합한 단어이다. 돔이노 시스

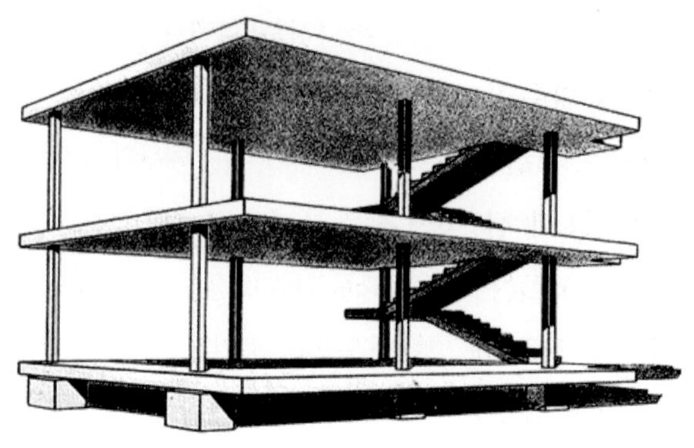

르 코르뷔지에의 돔이노 하우스 개념도

템은 최소한의 철근콘크리트 기둥들이 얇은 바닥판을 지지하고 한쪽에 각 층으로 오르내리는 계단이 있는 개방적인 구조이다. 이 시스템은 기둥과 벽의 분리를 통해 새로운 가능성을 제시한다. 기둥과 벽의 분리는 열린 평면과 자유로운 입면을 가능하게 했으며, 이때의 공간은 3차원적인 입체성이 부각된다. 이에 따라 구조, 외피, 칸막이벽 등이 각각 다른 논리로 존재하며, 서로에 대해 독립적일 수 있다. 또한 표준화된 구조 시스템으로서 경제적이며 빠르게 설치할 수 있고 구조체가 세워지면 사용자가 자유롭게 내부공간을 구성할 수 있다. 이 시스템은 프레임구조의 근원이 된다.

라멘조의 안정성

보와 기둥으로 이루어진 프레임구조로 구성된 다층의 구조에서 수직하중은 각 부재들(슬래브, 보, 기둥, 기초)을 타고 내려온다. 하지만 여러 층으로 높아진 건물은 수평하중(바람, 지진) 등의 영향을

　　구조, 보이지 않는 건축

더 받게 되는데 기둥과 보, 슬래브 자체만으로는 완벽한 안정성을 갖기 어렵다.

일반적으로 다층 프레임구조의 안정성을 확보하는 방법은 세 가지이다. 첫째는, 강접합Rigid Joints이다. 수평부재와 수직부재가 만나는 부분을 강하게 접합하여 프레임의 안정성을 확보하는 것이다. 작은 가새brace와 같은 헌치haunch로 보강하는 방법으로 상대적으로 높지 않고 작은 규모의 건축물에 적용된다. 두 번째는 전단벽을 프레임구조에 삽입하는 방식이다. 프레임구조에 수직으로 관통하는 전단벽(일반적으로는 코어)을 설치하여 전체 프레임이 횡력에 대응하도록 하는 방식이다. 세 번째로 가새를 사용하는 방식인데 이는 사변형으로 짜인 뼈대frame의 변형을 방지하기 위해 대각방향으로 댄 보강재이며, 기둥의 상부와 다른 기둥의 하부를 대각선으로 이어, 횡력에 견디고 사변형의 형태가 마름모꼴로 변형되지 않도록 하는 역할을 한다. 이 프레임구조의 안정성을 확보하는 방식은 개별 건물의 구조계산에 따라 어떤 방식으로 적용할지 결정되며, 위에서

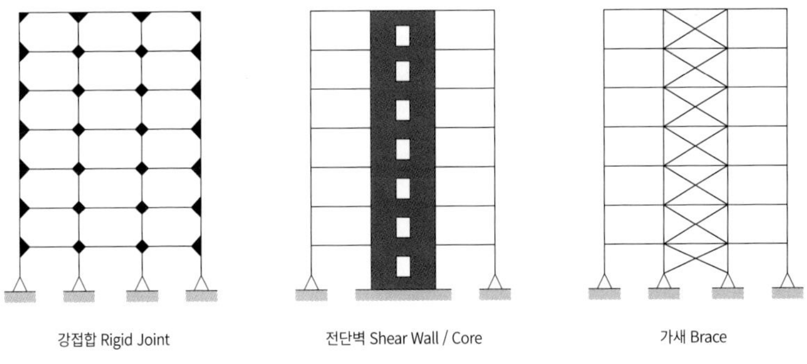

프레임구조의 기본적인 안정화 방안

말한 세 가지 방법을 복합적으로 사용되기도 한다.

더 넓게 - 구조원리 Spanning

건축물에서 '경간span'이란 무엇인가? 경간徑間은 교량 등에서 익숙한 용어로 건물의 보와 슬래브에도 적용된다. 경간은 다리(또는 보) 등의 지지대 사이의 수평거리를 말한다. 즉, 두 개의 기둥위에 올라 지지되는 보beam의 수평거리를 말한다.

돌이 건축의 주재료인 고대 그리스의 아크로폴리스를 보면, 두 개의 돌기둥 위에 얹혀 있는 수평으로 놓인 돌이 보의 역할을 하는데, 인장력에는 취약해서 기둥과 기둥 사이의 간격 역시 제한적이다. 장대한 경간을 확보하는 것은 모든 건축가와 기술자들의 염원이었으며, 로마시대에 이르러 돌의 압축력만으로 더 긴 경간이 가능한 아치arch와 볼트vault의 구조를 적극적으로 활용하였다. 아치의 발견은 로마시대가 처음은 아니지만, 이러한 건축 양식의 발전을 통해 로마시대의 건축가들은 큰 지붕이 있는 구조를 만들 수 있었다. 아치는 또한 큰 다리와 수로를 건설하는 데 중요한 역할을 했으며 역

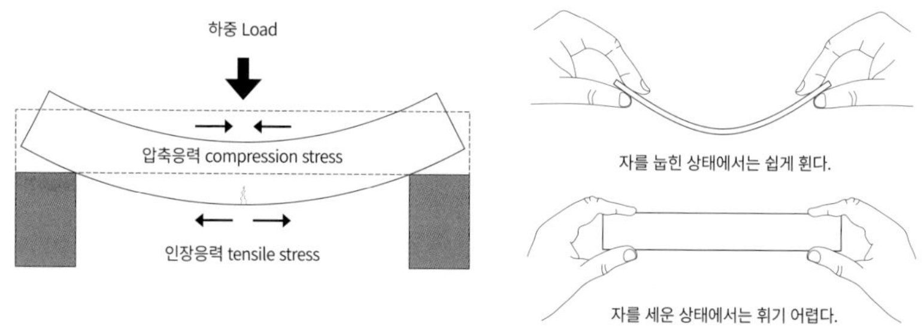

휘어짐과 깊은 보

사상 가장 위대한 제국을 건설하는 과정에서 필수적인 구조물이 되었다. 이후 강철과 철근콘크리트의 강성과 인장강도를 활용해 과거보다 더 넓은 경간을 확보하게 되었던 것이다.

보와 같은 수평부재는 모두 두 개의 지지점 위에 놓이게 되고 어느 한계점을 넘어서면 처짐sagging이 생긴다. 수평부재의 기둥 사이 공간에 수직하중이 작용하여 부재 내에 휘어짐bending이 생기며, 이때 수평부재의 중립축을 경계로 상부에는 압축이, 하부에는 인장이 발생한다. 이러한 압축과 인장의 조합을 휨응력이라 하며 중립축에는 변형이 발생하지 않는다.

휨응력은 재료에 따라서도 다르며, 보 단면의 모양과 크기에 따라서도 처짐이 달라진다. 직사각형 단면의 보는 얇을수록 구부러지기 쉽다. 이 점은 플라스틱 자의 양쪽 끝을 잡고 구부려 보면 쉽게 확인할 수 있는데, 자를 눕혀서 휘어보면, 쉽게 구부러지는 반면, 세워서 휘면 구부리기가 매우 어렵다. 이를 통해 동일한 조건에서 보가 깊을수록(위아래 방향이 더 길수록) 더 강하다는 것을 알 수 있다. 이 때문에 대부분의 보는 수직으로 긴 직사각형의 형태이다. 이러한 원리로 더 넓은 경간을 위해서는 더 깊은 보가 필요하며 이렇게 더 무거워진 보를 지지하기 위해 더 두꺼운 기둥이 필요하게 된다. 당연한 일이지만, 구조부재들이 점점 더 두꺼워지고 무거워지는 것이다.

효율성을 향한 보의 진화

일반적인 보는 깊은 보가 얕은 보 보다 더 강할 수 있지만, 더 두껍고 깊어질수록 더 무거워지고, 더 많은 재료가 필요하게 된다. 동

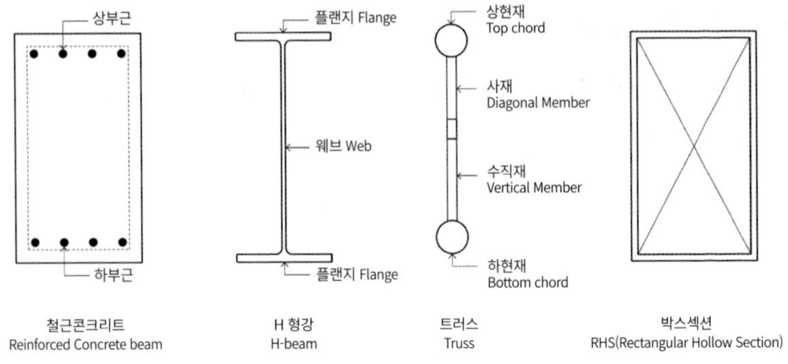

깊은 보의 형태

일한 하중을 지지하고 휨에 저항하면서 재료를 줄일 수 있다면 효율성이 높아지는데, 이러한 사례로 강철을 이용한 H형강H-beam과 트러스truss가 있다. 구조용 형강(자르는 면이 일정한 형상으로 된 압연 강철재)은 열간 압연 방식으로 제조되는데 H형강이 가장 많이 쓰인다. H형강은 보에서 발생하는 휨응력에 가장 이상적으로 대응할 수 있는 형태로서, 중앙 부재web의 양단에 테두리 부재flange를 붙인 형상인데, 이 부재가 휨 때문에 발생하는 인장력과 압축력에 저항하고, 중앙 부재가 전단력에 저항한다. 트러스는 '하나로 묶인 것들의 집합'을 뜻하는 라틴어에서 파생되었는데, 트러스 구조는 직선 부재들을 여러 개의 삼각형 모양으로 배열해 구성한 구조물이다. 하나의 견고하고 깊은 보 대신, 선형의 부재로 뼈대를 짜면 동일한 결과를 얻을 수 있다. 상단 및 하단 부재는 일반적인 보와 마찬가지로 각각 압축 및 인장 상태에 있게 되며, 이는 삼각형을 만드는 기하학적 구성을 통해 가능하다. 이러한 뼈대를 격자 대들보 또는 트러스라고 하며, 이는 주로 선형부재인 철과 목재로 만들어 진다.

캔틸레버 Cantilever

경간과 관련하여 '외팔보'라고 불리는 캔틸레버cantilever는 수평으로 확장되고 한쪽 끝에서만 지지되는 구조방식이다. 인장력이 없는 석재로는 상상조차 할 수 없던 이 방식은 인장력이 확보된 강철과 철근콘크리트를 통해 구현할 수 있게 되었다. 일반적으로 벽과 같은 평평한 수직 표면에서 돌출되므로 표면과 단단히 접합해야 하며 다른 구조 요소와 마찬가지로 캔틸레버는 보, 슬래브 또는 트러스로 형성될 수 있다. 이렇게 한쪽의 지지점을 생략하는 것은, 실제로 건축물이 공중부양할 수 없는 상황에서 가장 쉽게 생각할 수 있는 '부유하는' 효과를 만들어내는 구조방식이다. 캔틸레버 구조는 건물의 처마, 차양, 발코니 등에서 가장 쉽게 발견할 수 있다. 큰 규모로는 경기장에서 관람객의 시각이 기둥으로 제한되지 않도록 캔틸레버구조로 지붕을 지지하는 경우도 많다.

강철과 철근콘크리트는 기존의 석재와는 확연히 다른, 돔이노로 대표되는 라멘조 방식을 이끌어냈으며 지금까지 가장 보편적으로 사용되고 있다. 궁극적으로 더 높이, 더 넓게 건축물을 만들고 싶은 인간의 욕망을 구현하는 데 일조했다.

센다이 미디어테크   Sendai Mediatheque
이토 도요   Toyo Ito & Associates
      2001년 완공
도서관   LIBRARY
일본 센다이시   SENDAI-SHI, JAPAN

재해석을 통한 혁신, 이토 도요의 '센다이 미디어테크'

일본 센다이 시의 중심가에 세워진 '센다이 미디어테크Sendai Mediatheque'는 1995년, 정보화 시대를 맞아 예술과 기술이 융합된 새로운 미디어의 복합 공공시설로, 공모전을 통해 당선된 일본 건축가 이토 도요Toyo Ito(1941~)가 설계하여 2001년 개관하였다. 이토 도요는 70년대에 화이트 유 주택White U House으로 세계 건축계에 이름을 알렸다. 이 주택은 미망인이 된 누나의 가족을 위한 집으로, 밖으로 난 창이 없어 외관상으론 폐쇄적이다. 반면에 내부는 가족만을 위한 공간답게 내향성이 강조되었고, 실내는 모두 백색으로 처리했다. 센다이 미디어테크를 비롯해 형태적이고 내외부의 경계를 모호하게 만든 이후의 작품들과 비교하면 상당한 차이가 있지만 개념적인 공간을 추구한다는 면에서 연속성이 감지된다.

이토 도요는 스스로를 "르 코르뷔지에의 건축을 현대에 맞게 재해석한 건축가"로 언급했을 정도로 르 코르뷔지에 작품에서 영향을 받았으며, 본인만의 일관된 스타일이나 규범을 고수하는 대신, 건축물이 들어설 환경과 용도에 더 초점을 맞추어 디자인을 해왔다. 이토 도요의 건축은 오늘날 세계적으로 유명한 일본의 후배 건축가들이 보여주는 전위적인 건축에 비해 다소 평범해 보이기도 하지만, 르 코르뷔지에로부터 시작된 모더니즘의 재해석을 통해 만들어내는 혁신성 만큼은 누구에게도 뒤지지 않는다. 그는 모더니즘 건축의 전형이라 할 수 있는 격자grid 대신 위상 기하학을 사용하거나 내외부의 관계를 흩트리는 방식으로 현대건축의 모더니즘이 가진 권위적이고 경직된 형식을 무너뜨리는 데 중점을 둔다.

이토 도요는 2009년 프린스턴 대학교의 강연에서 건축에 대한 자신의 견해를 언급하며 다음과 같이 말했다.

"The natural world is extremely complicated and variable, and its systems are fluid – it is built on a fluid world. In contrast to this, architecture has always tried to establish a more stable system"

"자연의 세계는 매우 복잡하고 가변적이며 그 시스템은 유동적이다.
자연은 이러한 유동적인 세계 위에 세워졌다.
이에 비해 건축은 항상 보다 안정적인 시스템을 구축하려고 노력해 왔다"

그는 20세기에 구현된 그리드 시스템(프레임구조를 지칭한다)이 건물을 이전보다 더 빠르고 효율적으로 지을 수 있게 해주었지만, 세계 도처에 끊임없이 균질한 환경을 만들어내는 것을 경계했다. 아울러 이토 도요는 "지난 10년 동안 그리드를 약간 수정하여 건축물이 좀 더 주변과 자연 환경에 밀접한 관계를 만드는 방법을 찾으려고 노력해 왔다."라고 말했다.

이토 도요는 모더니즘의 영향권에 있지만, 인공 건축물과 자연 환경 사이의 관계를 신중하게 탐색하는 건축가로, 그의 주된 관심사는 균질화된 그리드 시스템에서 벗어날 수 있는 기술과 접목된 혁신성과 자유로움에 있다고 볼 수 있다. 그가 2013년 건축계의 노벨상으로 불리는 프리츠커건축상을 수상하며 한 연설에서 그의 지향점을 엿볼 수 있다.

"My work has always been about tearing down this wall that separates modern architecture from nature and the local community, in order to create architecture that is open to both"

"나의 작업은 항상 현대 건축과 자연, 지역 공동체를 분리하는 벽을 허물고 모두에게 열린 건축을 만드는 것이었습니다."

센다이 미디어테크는 이토 도요의 이러한 건축철학이 가장 잘 나타난 건축물이자, 프리츠커상 수상 소감에서 이토 도요 자신이 가장 자랑스럽게 여기는 건축물이라고 밝힌 바 있는 건물이다. 그는 미스 반 데어 로에Ludwig Mies van der Rohe의 바르셀로나 파빌리온Barcelona Pavilion과 르 코르뷔지에의 돔이노를 그의 작업과 연관된 주요 선례로 언급하였는데, 실제로 센다이 미디어테크는 돔이노의 슬래브와 기둥만으로 지지되는 구조가 주는 간결성과 외벽이 없는 투명성, 바르셀로나 파빌리온의 구획되지 않은 공간의 유동성을 하나로 결합한 결과물로 볼 수 있다.

이처럼 이토 도요는 기존에 없던 유형을 만들어 내기보다는, 모더니즘 건축을 긍정적으로 참조하되, 기존 유형의 전형성에서 벗어나려는 시도와 재해서에 집중하는 것으로 보인다. 센다이 미디어테크가 크게 주목받는 이유도 전통적인 그리드 시스템을 재치있게 비틀어 개방성과 유동성, 구조적 혁신을 모두 획득했기 때문이다. 지

내부가 드러나는 투명한 외관

하 2층과 지상 7층으로 구성된 이 건물은 돔이노 하우스처럼 슬래브 '판'과 이를 받치는 수직 '기둥'으로 구성된다. 그러나 기둥은 기존의 그리드에 따라 등간격으로 배치되는 방식이 아닌 13개의 튜브가 그리드에서 벗어난 듯, 기둥 역할을 대체한다. 지상부터 7개 층을 관통하며 지붕까지 이어지는 13개의 튜브는 수직적인 원통이 아니고 마치 물속의 해초류나 나뭇가지가 뻗어나가는 것 같은 유기적인 형상이다. 이 기둥이 구조적으로 혁신적인 이유는, 일반적인 프레임 구조의 다층건물에선 수평하중(횡력)에 대응하기 위해 가새 또는 전단벽shear wall을 사용하게 되는데, 이토 도요는 시각적 개방감을 위해, 외벽의 프레임과 가새를 없애고 13개 중 코너 부분 4개의 튜브가 이 내진력을 포함한 횡력을 담당하도록 하였다. 또한 일반적으로 콘크리트 벽으로 구성되는 전단벽을 강철을 연결하여 만든 브레이스 튜브 또는 다이아그리드 튜브로 만들어 시야가 막히지

구조, 보이지 않는 건축

않도록 하였다. 이 비워진 튜브들은 각기 다른 기능을 담아내는데, 계단, 엘리베이터, 조명, 설비 등 수직적인 이동과 채광을 끌어들이는 역할까지 할 수 있게 계획되었다. 또한 슬래브 '판'은 강철 벌집구조steel honeycomb structure를 통해 보 없이 슬래브 자체의 두께를 최소화하면서 불규칙하게 배치된 튜브들 사이의 경간 확보를 가능하게 하였고, 외부에서 바라볼 때도 판의 두께감을 줄여 투명성을 확보했다. 이러한 혁신적인 구조디자인을 통해, 건물의 정면은 오로지 투명한 유리로 만들어 질 수 있었고, 주변의 거리와 나무의 풍경이 그대로 실내에 유입되어 외부와 내부의 경계가 사라진 공간처럼 느껴진다.

투명한 유리벽과 13개의 튜브만 존재하는 각각의 층은, 구획벽이 전혀 없어 방문객들이 도시의 거리를 거닐 듯, 자유롭게 이동하며 다양한 행위와 활동을 할 수 있게 만들어졌다. 이러한 열린 공간에 대해 이토 도요는 한때 모더니즘 건축이 추구했던 공간 개념, 즉 무엇이든 가능한 보편적인universal space 공간과의 차별성을 강조하는데, 아마도 이러한 차별성을 위해 각 층의 인테리어를 각기 다

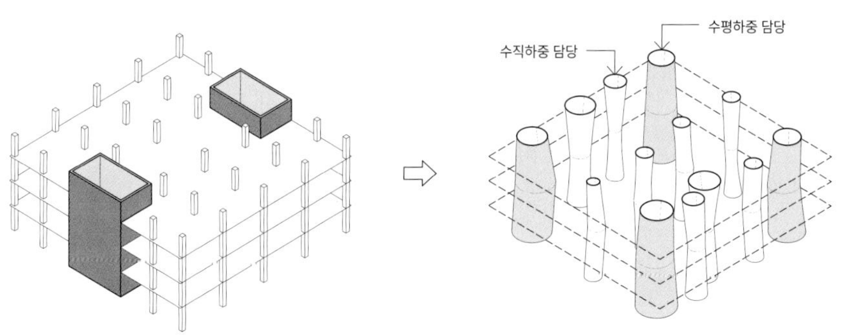

전단코어가 수평하중에 저항하는 일반적인 프레임 구조　　　프레임구조를 재해석한 혁신적인 13개의 튜브

센다이 미디어테크 구획되지 않은 개방적인 내부 모습

른 건축가들에게 맡겼는지도 모르겠다.

　가벼워 보이는 건축물인 센다이 미디어테크는 2011년 동일본 대지진 당시 춤추듯 휘청거렸지만 무너지지 않고 살아남은 몇 안 되는 건축물 중의 하나이다. 이는 이 건물이 신선한 공간 개념이나 미학적인 차원을 뛰어넘어 혁신적인 구조디자인의 기능성은 물론이고, 자연재해로부터 인명과 건축을 구해낼 수 있다는 사실을 증명해낸 계기가 되었다.

대지진 이후의 행보

이토 도요는 2011년 동일본 대지진 이후 사회적 책임을 강조하는 건축 활동을 활발히 전개했다. 특히, 그가 주도한 프로젝트인 '모두를 위한 집Home-for-All'은 대지진과 쓰나미 피해를 본 지역을 위한 주택 계획이었다. 세지마 가지요 등 많은 유명 건축가들이 참여한 이 프로젝트는 주택 공급에 그치지 않고 재난 이후 공동체 회복을 위한 공간을 제공하는 데 초점을 맞췄다. 진행과정도 지역주민과 건축가가 함께 진행하여 지역 사회 의식을 되살리는 장소가 되도록 시도하였다. 이후 다양한 재난 구호 및 도시 재건 프로젝트에서 중요한 참고 사례가 되고 있으며, 2012년 베니스 건축 비엔날레의 일본관에 소개되어 좋은 평가를 받았다. 이토 도요는 이를 계기로 사회적 이슈와 지역 커뮤니티를 되살리는 건축에 집중하게 되었다.

고층빌딩의 진화

고층빌딩의 다양한 이름들

고층빌딩을 뜻하는 명칭으로 고층건물Tall Building, 타워Tower, 하이라이즈High-rise, 스카이스크래퍼skyscraper 등 다양한 이름들이 있지만, 사실 이를 구분하는 명확한 기준은 없다. 그럼에도 주로 사용되는 네 가지 명칭을 정리해보자.

고층빌딩Tall Building은 주변건물과의 상대적인 높이를 중심으로 정의한 명칭이다. 주변이 모두 1~2층의 건물들로 이루어져 있다면 그 사이에 지어진 5층 높이의 건물도 고층으로 인식된다. 3~4층이 주를 이루는 곳에서는 10층 높이의 건물이 고층으로 불릴 것이다. 주변의 상황에 따라 다르게 적용되는 '고층'의 개념은 일반적으로 10~15층 정도의 규모에 적용되며, 상대적으로 가늘고 수직적인 비율의 건물에 쓰인다.

건축물에 한정되기보다는 좀 더 광범위하게 사용되는 타워Tower는 독립성과 상징성이 두드러지는 경우로, '홀로 서 있는'이라는 의미를 지니고 있다. 고립된 형태의 '감옥'에도 쓰이며 한눈에 주변의 상황을 인지 또는 감시할 수 있는 경우엔 컨트롤 '타워'라고 표현하며, 교회의 종'탑' 등도 타워로 불린다. 타워는 벽 및 성곽과 같이 방어를 위해 구축된 구조물을 설명하는 데 사용되었고, 물이나 잠재적인 에너지를 저장하는 독립된 수직형 '창고'의 의미도 담고 있다. 건축물의 '층수'에 따른 구분보다는 위와 같은 의미들로 사용되기 시작해, 그 형상이 가늘고 위로 솟아오르는 모습을 띠고 있어 지금은 고층건물도 통상적으로 타워라 부른다.

하이라이즈High-rise 또는 하이라이즈빌딩High-rise Building에는, 층의 개념과 더불어 엘리베이터의 의미가 포함된다. 다층 구조에 엘리베이터가 설치된 고층건물을 하이라이즈로 통칭하며, 고밀도 주거 지역에 위치할 경우, '거주'의 의미도 포함한다. 일반적인 높이는, 소방차 사다리로 접근할 수 있는 높이(약 15층)를 넘어선다. 한국에 아파트가 처음 도입되던 시절 '하이츠'란 이름이 등장한 것도 이러한 맥락에서다. 마지막으로, 19세기 후반 철골조로 만들어진 10층 높이의 건물에 처음 사용된 스카이스크래퍼Skyscraper라는 용어는, 마천루摩天樓라고도 불리며 하늘을 찌를 듯 높이 지은 건물, 말 그대로 하늘을 '긁는scraper' 듯한 건물을 부르는 말이다. 오늘날 일반적으로, 높이 100~150m 이상의 고층에, 철골조와 커튼월을 사용한 건물을 말한다.

이처럼 네 가지 고층빌딩을 부르는 이름에는 쓰임과 의미, 그리고 규모에 따른 차이들이 있다. 루이스 설리번의 말처럼, 고층빌딩의 가장 큰 특징은 높다는 것이고, 그 높이로 상징성과 기술의 진보를 보여주는 건축물이 곧 고층빌딩일 것이다.

"고층 오피스빌딩의 가장 큰 특징은 무엇인가? 그것은 상승감에 따른 숭고함이다. 그래서 높이 솟아야 한다. 높이가 주는 힘과 권능, 고양감에 따른 영예와 긍지가 거기 있어야 한다. 고층건물이라면 빈틈없이 솟아올라, 밑에서 위까지 한치의 흐트러짐 없이 일체가 되어 순수한 고양감으로 우뚝 솟아야 한다."

- 루이스 설리번, 「초고층 빌딩의 예술적 고려」, 1896

왜 고층빌딩을 만드는가?

창세기에 언급된 바벨탑의 존재에서 짐작할 수 있듯이, 인류는 인간의 능력을 가늠하는 기술의 경계를 초월하고 불가능이라고 생각되는 것들에 끝없이 도전하고 극복하기 위해 한계를 시험한다. 건축에서는 얼마나 높게 지을 수 있는지가 구축의 한계를 시험하는 구조적 탐구 과정이다. 오늘날 고층빌딩을 건설하는 이유는 크게 네 가지로 요약할 수 있다.

첫 번째, 랜드마크Landmark. 건축물 자체로만 놓고 보면 비효율적인 초고층빌딩을 짓는 가장 주된 이유는 일종의 '과시'라고 볼 수 있다. 냉전시대의 스페이스 레이스라 불린 우주경쟁에서 볼 수 있듯이, 개인이나 집단 또는 국가의 능력(권력과 기술력)을 드러내기 위한 수단으로 초고층빌딩을 건설한다. 이집트에서는 피라미드를 건설하여 노동력을 통한 절대자의 권력을 과시하였고 대만에서는 아시아 최초로 100층이 넘는 초고층빌딩 '타이베이101'을 건설해서 중국과의 관계에서 대만의 존재감을 보여주고 국민들에게 자긍심과 우월감을 주고자 했다. 현존하는 828m의 가장 높은 건축물인 아랍에미리트 두바이의 '부르즈 할리파Burj Khalifa'도 국가적 차원에서 새롭게 만들어가는 도시인 두바이가 세계적인 명성을 얻도록 계획되었다. 때로는 개인과 기업의 과시 혹은 염원에 의해서 만들어지기도 한다. 세계시장에서 무한 경쟁하는 글로벌 초일류기업들은 기업의 경쟁력을 드러내기 위해 초고층빌딩을 사용하기도 한다. 우리나라에 세워진 롯데타워는 이러한 기업의 경쟁력을 직접적으로 드러내고 또한 사주 개인의 평생 염원을 실현한 결과이기도 하다.

두 번째, 개발이익이다. 정해진 대지의 크기 안에 더 높은 층수를 올리면 더 큰 면적을 만들 수 있고 이는 토지를 개발하는 입장에서는 개발이익을 높일 수 있는 손쉬운 방법이다. 건축법에서 규정하는 용적률容積率이 이에 해당한다. 용적률이란 한 필지의 토지위에 건축할 수 있는 건축물의 연면적 합계를 말한다. 롯데타워의 용적률은 600%에 이르며, 최근 초고층 개발이 예상되는 용산국제업무지구는 법적 상한 용적률인 1,500%를 넘는 개발계획이 논의되고 있다. 그러나 무조건 용적률을 높인다고 수익률이 높아지진 않는다. 초고층빌딩을 짓기 위한 기술적 사항들을 고려하면, 경우에 따라선 900m의 초고층 1개 건물을 짓는 것보다 300m 높이의 건물 3개를 짓는 것이 공사비 대비 더 높은 수익률을 가져다주기도 한다. 그만큼 초고층은 경제성과 더불어 공법, 구조, 환경, 수직동선 처리 등 많은 기술적 사항들을 고려해야 한다.

세 번째, 많은 사람들이 도시로 모여들고 토지의 공급이 제한적인 상황에서, 여전히 고층건물은 도시집중화에 필수 불가한 해결책이다. 예를 들어 세계적인 수직 도시vertical city로 불리는 홍콩은 산과 바다로 둘러싸여 도시의 수평적 확장이 어렵기에 지속적으로 도시로 몰려드는 사람들을 수용하기 위해 지금과 같은 마천루의 도시가 되었다.

네 번째, 전망이다. 탁월한 전망의 확보는 특정한 위치 및 조건에서만 가능하므로 공간의 가치에 주요한 프리미엄으로 작용한다. 초고층빌딩의 전망은 흔하게 접할 수 없는 조건으로 그 공간을 향유하는 사람들에게는 아무나 가질 수 없는 가치를 제공하게 된다. 2011년 완공된 싱가포르의 마리나 베이 샌즈Marina Bay Sands 호텔은 이러한 전망의 가치를 극대화한 디자인으로 독립된 3개의 타워를 세우고 보트와 같은 공간을 최상층에 올려 연결하였다. 이곳에 수영장을 포함해 3,900명을 수용하는, 340m 길이의 하늘공원을 만들어 싱가포르의 가장 유명한 명소 중의 하나가 되었다.

고층빌딩은 어떻게 만들어지는가?

현대의 고층빌딩은 몇 가지 중요한 기술 발전으로 가능했다. 다층건물을 지을 수 있는 프레임구조와 높은 층으로 이동할 수 있는 승강기, 그리고 유리 커튼월 시스템이 그것이다.

프레임구조는 철근콘크리트나 강철로 만들 수 있다. 특히 강철로 만든 철골조는, 상대적으로 경량이면서도 중력과 바람의 영향을 잘 견딜 수 있다. 또한 현장에서 타설해야 하는 철근콘크리트에 비해 미리 재단한 구조 부재를 올려 조립하는 방식의 철골조가 초고층 공사에 더 효율적이다.

엘리베이터는 고층빌딩을 지을 수 있게 한 가장 혁신적인 발명

 구조, 보이지 않는 건축

품이다. 아무리 건축물을 높이 지을 수 있는 기술이 있더라도, 50층, 100층을 계단으로 오르내려야 한다면 사용하지 않았을 것이다. 그러나 엘리베이터를 통해 아주 빨리 높은 층에 도달할 수 있어 더 쉽게 건물을 이용할 수 있다. 엘리베이터의 발명가인 오티스Elisha Otis는 1853년 뉴욕 세계 박람회에서 엘리베이터의 안전성을 걱정하는 관람객들 앞에서 직접 탑승하여 시연했고, 1857년 뉴욕시의 한 건물에 최초의 승객용 엘리베이터가 설치된 후 지금은 거의 모든 다층건물에 사용된다.

앞서 언급한대로 프레임구조로 인해 더 이상 외벽이 구조의 기능을 갖지 않게 되면서 커튼월Curtain Wall이 등장했다. 이는 건물의 하중을 받지 않는 외부 덮개(외피)로 외부환경(바람, 비, 햇빛, 먼지, 소음 등)을 막아주는 용도로만 사용된다. 커튼월은 구조와 무관하므로 경량의 재료로 만들 수 있으며, 이로 인해 외벽이 구조체로 된 건축물과 비교해 건설비용을 절감할 수 있었다. 가장 대표적인 커튼월의 재료는 유리인데, 유리의 가장 큰 장점은 자연광이 건물 내부 깊숙이 침투할 수 있다는 것과 내부에서 외부를 바라볼 수 있다는 것이다. 커튼월은 자체의 무게 외에는 건물의 하중을 받지 않지만, 커튼월 면에 가해지는 풍하중을 건물의 바닥이나 기둥의 연결부를 통해 건물의 구조로 전달한다. 유리 커튼월은 산업화 이후 대량 생산된 대형 판유리의 개발로 가능해졌다. 판유리가 외피로 처음 사용된 건물은 1851년 만국박람회를 위해 만들어진 수정궁The Crystal Palace이다.

고층빌딩이 구조적 측면에서 저층과 다른 점은, 바람이 건물에 미치는 영향, 즉 수평하중이 수직하중보다 더 크다는 점이다. 위로 올라갈수록 바람의 강도는 더 강해지기 때문이다. 프레임구조가 수평하중의 문제를 해결해야 안정성을 확보하는 것처럼, 초고층빌딩은 이 수평하중에 대응하여 어떻게 안정성을 확보하는지가 가장 주요한 구조적 문제다.

초고층빌딩은 우리가 물건을 높이 쌓아올리며 경험하듯, 상부에서부터 축적되며 내려오는 하중을 고려하여 건물이 위로 갈수록 점차 가늘어지는 형태가 불가피하며, 이 방식이 상부의 하중을 효율적으로 해결할 수 있는 기본원리이다. 우리가 초고층건물에 가면, 1층 로비의 기둥 두께는 엄청나게 두껍지만, 최상층의 기둥은 상대적으로 훨씬 가늘어진 것을 볼 수 있는데, 이는 나무의 구조에서도 확인할 수 있는 원리다. 한편 초고층빌딩은 바람의 영향 또한 위협적인데, 이를 위해 개발된 것이 튜블라 시스템Tubular System이다.

구조공학에서 튜브디자인의 아버지로 불리는 파즐루르 칸Fazlur Rahman Khan은 1960년대에 초고층빌딩 설계로 유명한 미국의 SOM에서 일할 때, 바람과 지진력과 같은 횡하중을 연구하던 중 튜블라 시스템을 개발하였다. 이 측면 하중 저항 시스템은 캔틸레버의 원리를 사용하여 속이 빈 원통 또는 사각형 튜브를 지면에 수직으로 접합하는 방식으로 구조는 횡력에 대해 반응한다. 이는 외부의 튜브가 횡하중에 대응하고, 내부의 구조가 수직하중을 담당하게 하여 구조적 효율성을 극대화하는 방식이다.

튜블라 시스템은 프레임 튜브framed tube, 브레이스 튜브braced tube, 번들 튜브bundled tube, 튜브 인 튜브tube in tube, 아우트리거 outrigger 및 벨트 트러스belt truss 등 다양한 형식으로 개발되고 발전되었다. 이러한 구조 시스템을 기반으로한 건축물은 구조적 측면

 구조, 보이지 않는 건축

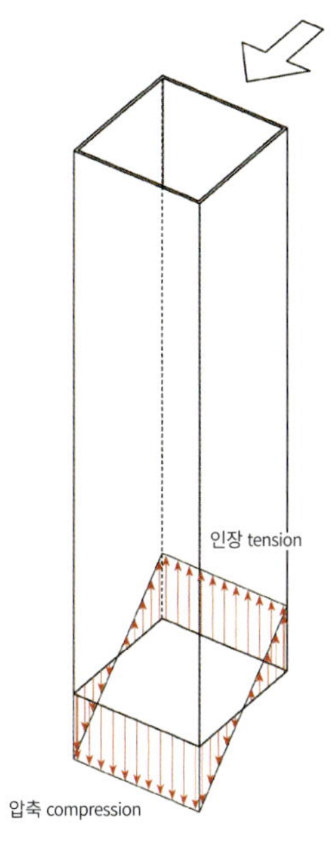

이상적인 튜브구조의 횡력에 대한 거동 원리

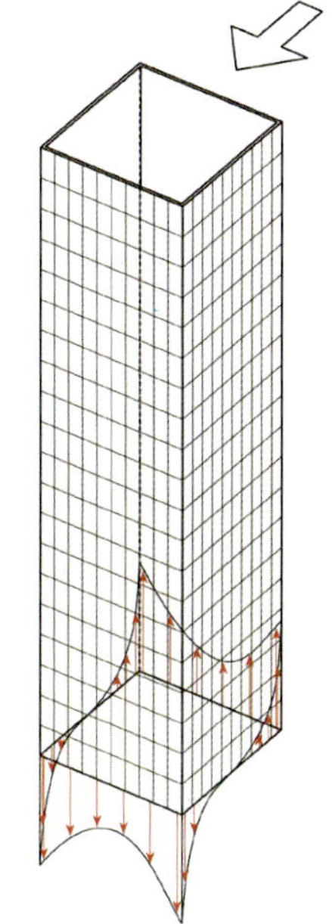

실제 모멘트 프레임구조의 전단지연 현상(추가적인 보강 필요)

초고층빌딩의 횡력에 대한 튜브의 거동

에서 높은 효율성을 발휘할 수 있지만, 문제는 외벽이 구조체가 되면서 시야를 가리는 단점이 다시 나타난다는 것이다. 그러나 구조공학의 진보는 계속되어 다이아그리드Diagrid, 스페이스트러스Space Truss, 슈퍼프레임Super Frame, 엑소스켈레톤Exo-skeleton 등의 첨단구조 시스템이 등장하게 되면서 외벽이 시야를 제한하는 문제, 내부공간의 한계를 극복할 수 있는 해결책이 속속 등장하여 건축가들이 누리는 자유가 커졌다.

바람의 영향을 줄이는 방안들

초고층 구조 시스템의 발전과 함께 건축물에 전해지는 바람의 영향을 최소화하기 위한 노력은 구조방식의 탐구에 그치지 않고 건물의 형태 디자인에 관한 탐구로까지 이어졌다.

위로 갈수록 가늘어지는 형태

지면에서 높아질수록 바람의 세기는 증가한다. 따라서 동일한 크기와 모양이라면 아래층보다 위층에 더 많은 풍하중이 발생하며 건물 상부에 더 구조적인 고려가 필요하게 된다. 따라서 건물이 높아질수록 점점 가늘어져서 풍하중의 영향을 적게 받는 것이 좋은 방안이 된다. 또한 위쪽이 가늘어지면 상부의 하중이 감소되어 전체 구조의 부담을 줄일 수도 있다. 이는 사다리꼴 모양으로 구현되기도, 계단식으로 만들어지기도 한다.

곡선 형태의 건물외관

일반적인 사각형의 고층건물은 건물의 날카로운 모서리에 더 큰 바람 소용돌이를 생성하여 외벽 또는 커튼월에 국부적으로 풍하중을 증가시킨다. 또한 전면에 부딪힌 바람은 강한 하강기류를 유발하여 보행자가 다니는 거리에 심한 외풍을 만들어낸다. 반면에 원형 또는 곡선의 부드러운 형태의 고층건물은 바람이 형태에 따라 흘러가게 되어 건물의 전면에 가해지는 풍하중이 감소하고, 국부적인 풍하중도 줄어든다. 또한 곡선의 형태는 바람을 지면 쪽 아래로 유발하지 않고 건물 주위로 흐름을 만들어 보행자환경에 영향을 덜 주게 되는 장점이 있다. 최근에는 미세기후micro-climate를 비롯해 자연환경에 대한 정밀한 측정이 가능해지면서, 비행기의 형태에서 볼 수 있듯이 바람의 영향을 최소화하는 공기역학적 형태를 찾을 수 있다. 이는 횡력에 대응하는 구조에 부담을 줄여주어 효율적이기도 하지만 유기적인 형태의 미적인 아름다움도 얻게 된다.

다공성 조각 같은 건물의 최상부

가장 바람의 영향이 클 최상부에 바람이 지나갈 수 있는 길(구멍)을 만들어주면 건물이 받는 영향을 줄일 수 있으며 또는 다면체의 조각 같은 형상으로 만들면 바람이 여러 면에 부딪혀 강도가 약해지거나 흘러갈 수 있게 된다. 이러한 방식은 건물의 중간(일반적으로는 피난층 등)에도 적용하여 효과를 볼 수 있으며, 때로는 최상부에 바람 구멍을 만들고 풍력터빈wind turbine을 설치하여 에너지

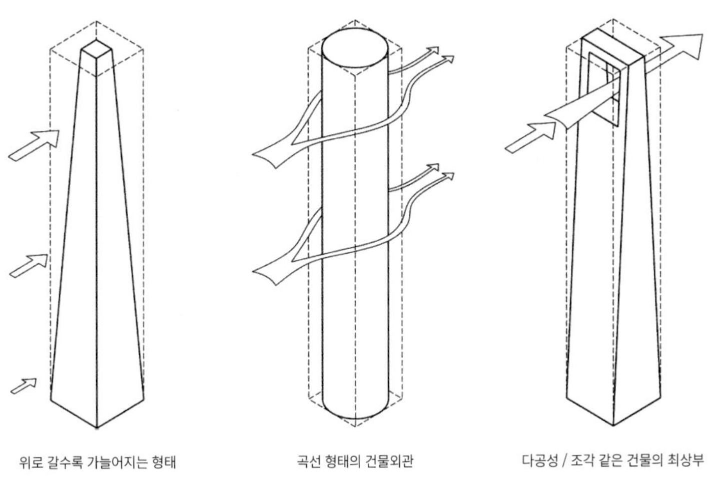

초고층빌딩에서 바람의 양향을 줄이는 방안들

를 생산하기도 한다.

　대부분의 초고층건물들은 이러한 해결책들을 복합적으로 담고 있다. 두바이의 부르즈 할리파Burj Khalifa는 정형화된 육면체가 아닌 삼각대와 같은 모양이며 상부로 갈수록 계단식으로 가늘어지는 형태이다. 다양한 곡면으로 처리된 외관은 유기적인 형상을 취하고 있다. 이는 모두 바람의 영향을 최소화하려는 노력이다. 말레이시아의 수도인 쿠알라룸푸르에 있는 페트로나스 트윈 타워Petronas Twin Towers도 위로 갈수록 조금씩 작아지는 형태로 상부에는 조각같은 형태가 더 잘게 나누어진다. 평면의 형상도 이슬람의 상징성을 반영하였는데 이는 외관에 많은 요철을 만들어서 입체적인 면을 통해 바람의 세기를 상쇄하려는 기술적 고려도 포함하고 있다.

초고층건물에 대한 비판적인 시선과 이를 극복하기 위한 건축가들의 노력

　고층건물이 도시 또는 사회적 환경에 미치는 영향에 관해서는 여전히 논란이 있다. 전문가와 시민들 사이에서 고층건물에 대한 비판적 시각이 꾸준히 제기되었고, 이들의 의견에도 일리가 있지만, 이를 극복하기 위한 건축가들의 노력 또한 계속되고 있다.

　토지 가격이 높은 도시에서 용적률은 최대화하고 토지비용은 최소화할 수 있는 고층건물은 경제적으로 합리적인 선택이다. 하지만 한정된 토지 내 이용객이 주변보다 상대적으로 많아지면, 유입차량도 늘어나 주변 교통문제로 이어지게 된다. 한국에서도 단일용도의 건축물로 6만㎡ 이상의 공동주택, 2만 5,000㎡ 이상의 일반업무시설 등 과밀한 사업의 경우 교통영향평가를 받게 된다. 게다가 초고층빌딩은 그 하중을 지지하기 위해 일반적인 규모의 건축물보다 더 큰 비중의 구조물량과 여러 시설물이 추가로 투입된다. 예로 120층의 초고층건물을 짓는 경우, 40층의 고층건물 3개를 짓는 것보다, 높아진 수평하중과 수직하중을 지지하기 위해 더 많은 구조물량이 필요하다. 엘리베이터의 대수는 훨씬 더 많으며(롯데타워에는 60대가 넘는 엘리베이터가 설치되어 있다) 이를 수용하기 위한 코어면적의 확대 및 피난층 등의 설치로 인해 전용면적은 상대적으로 감소할 수밖에 없다. 또한, 초고층건물은 상대적으로 훨씬 더 많은 전기를 소비한다. 음수를 비롯한 사용수도 지하에서부터 가장 높은 층으로 퍼 올려야하며, 다수의 엘리베이터 역시 전기로 움직인다. 또한 고층에서는 바람의 영향으로 창문을 열기가 어렵기 때문에 대부분 기계적으로 환기를 해야 하는데, 여기에도 많은 에너지가 필요하다. 이는 완공 이후는 물론이고 공사 중에도 마찬가지이다. 모든 자재 및 장비들을 상부로 옮겨야 하며, 미니크레인과 같은 추가적인 특수 장비들의 설치가 필요하다.

더불어, 도시의 휴먼스케일을 중시하는 전문가들의 비판적인 시선도 있다. 초고층건물은 주변에 이웃하는 건물들의 일조권이나 조망권, 통풍방해, 빛 반사, 교통체증 유발 등의 기능적인 문제들과 더불어 도시적 관점에서 가로환경에 대한 우려를 낳는다. 일반적으로 중소규모의 건물들로 이루어진 휴먼스케일의 환경이 걷기 좋고, 주변의 골목들과 유기적으로 연결된다. 거리를 걸으며 느끼는 시각적 개방감과 햇빛으로 환한 가로, 중소규모의 건물들이 드러내는 다양성 등이 바람직한 가로환경일 것이다. '거리경관'은 거리를 따라 서 있는 건물, 보도, 가로수와 공원 등의 집합적인 모습을 가리키는 용어이다. 다양한 휴먼스케일의 집합으로 이루어진 거리 풍경이 동네

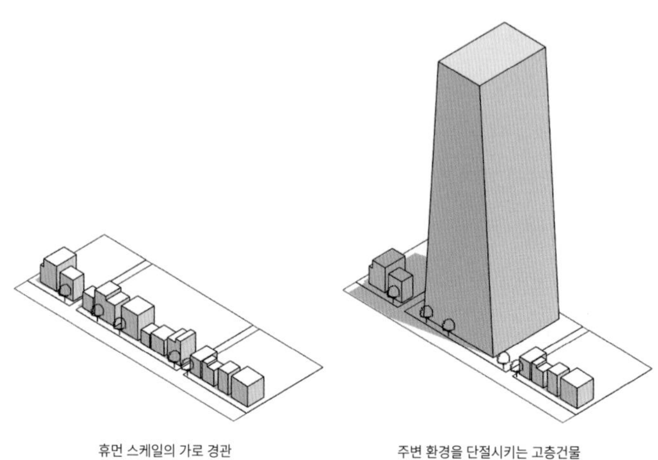

건물의 규모와 가로 경관의 연관성

의 정체성이 될 수 있다는 데 누구나 공감할 것이다. 이러한 측면에서 초고층건물은 지상에서 건물이 차지하는 면적이 커서 휴먼스케일을 넘어서고 주변 환경과 단절되게 한다. 또한 높고 거대한 건물로 인해 가로의 전망과 채광을 제한하고, 앞에서 언급했듯이 고층건물 벽에 부딪힌 바람이 아래로 내려와 보행환경을 저해하는 등 부정적인 면이 적지 않다.

그럼에도 불구하고 초고층빌딩의 계획은 고밀도의 개발이 가능하다는 경제적 장점이 있다. 또한 여러 개의 작은 건물들과 비교하여 열린 공간을 큰 규모로 제공할 수 있으며, 저밀도 개발로 다수의 건물을 짓는 데 필요한 도로 등의 기반시설을 더 확충하지 않아도 되는 이점도 있다. 이제부터는 초고층빌딩의 이러한 단점과 부정적인 시선을 극복하려 노력한 건축가들을 소개하겠다.

위는 뉴욕 맨해튼의 시티그룹센터Citigroup Center의 구조기술자 윌리엄 르메슈리어William LeMessurier의 말이다. 1977년에 완공된 시티그룹센터는 같은 대지 한 쪽에 있던 교회St. Peter's Lutheran Church를 기존의 자리에 새로 짓고, 구조적으로 독립되게 하는 조건으로 건축허가를 받았다. 교회를 위한 공간을 마련하는 것은 어려운 문제였지만 유능하고 창의적인 구조기술자였던 르메슈리어는, 건물을 9층 높이의 세장한 기둥 위에 얹는 방식으로 디자인했으며 건물 각 면의 중심에는 V자형의 기하학적 프레임 구조가 있어 아래에 배치된 4개의 기둥을 최대한 활용할 수 있도록 했다. 이는 통상 사각형 건물의 각 모서리에 기둥이 배치되는 방식을 탈피해 각 면의 중심에 기둥이 위치하게 되는 특이한 구조를 만들어낸다. 이러한 구조적 해법을 통해 건물의 북서쪽 모서리 아래에 교회를 위한 공간을 만들고 거대한 볼륨의 건물 본채는 우아하게 공중에 떠 있는 효

구조의 변화를 통해 지상층을 열어준 시티그룹센터

과를 냈다. 이를 통해 가로는 선큰sunken 공간과 어우러져 개방적인 풍경을 만들 수 있었다. 이 건물의 외벽은 트러스 튜브Trussed Tube system구조이며, 8개 층씩 구성된 V형태의 프레임을 통해 모여진 하중은 4개의 기둥으로 전달된다. 이 외벽구조는 수평하중뿐 아니라 수직하중의 절반을 담당하도록 설계되었다. 완공 후, 건축물에 대한 호불호가 있었고 구조계산상의 착오(넓은 건물 면에 부과되는 횡력계산의 오류)를 뒤늦게 발견하여 보강과 보상을 한 사연도 있는 건물이지만, 제약조건을 창의적인 구조디자인으로 맨해튼의 거대한 하나의 블록을 공공과 상업기능이 어우러진 개방적이고 활발한 도심 속 가로 공간으로 풀어냈다.

1997년 완공된 독일 프랑크푸르트의 코메르츠방크 사옥

　　구조, 보이지 않는 건축

Commerzbank Tower은 에너지 측면에서 효율이 떨어지는 초고층건물의 단점을 극복한 선언적인 건축물이다. 1990년대 초반 이 건물이 계획될 때 사회민주당과 함께 정권을 잡았던 프랑크푸르트 녹색당은 코메르츠방크에 '녹색빌딩green building'을 설계하도록 독려했다. 결과적으로 53층, 300m에 달하는 높이로 탄생한 코메르츠방크 사옥은 세계 최초의 생태학적 오피스 타워이자, 완공 당시 유럽에서 가장 높은 건물이 되었고 현재도 독일에서 가장 높은 건물이다.

이 타워를 디자인한 영국의 노먼 포스터는 업무공간의 본질을 탐구하고 환경 문제와 업무 방식에 대한 새로운 아이디어를 개발하는 데 전념하는 건축가다. 이 건물의 핵심 개념은 자연채광과 자연환기를 극대화는 전략이었다. 대부분의 고층건물이 설비를 통해 기계적 환기를 하는 것에 비해 이 건축물은 일 년 중 80%는 자연환기가 가능하다. 입주 후 분석한 결과 사용자들의 선호로 인해 자연환기 기간이 연간 85%에 달해 계획치를 웃돌았다. 1998년부터 2008년 사이의 연구 자료를 보면 냉난방 수요가 40%이상 감소한 것으로 나타났으며, 이 기간에 사용한 총 전력량도 감소한 것으로 나타났다.

코메르츠방크 사옥은 코어(계단 및 승강기가 포함된)를 중앙에 배치하고 주변에 업무공간이 놓이는 일반적인 방식에서 벗어난다. 삼각형의 건물 코어는 중앙부의 비워진 아트리움을 중심으로 세 개의 꼭짓점에 분산 배치된다. 이를 잇는 2개의 면은 업무공간으로 사용되고 남은 하나는 위로 4개 층이 비워진 하늘정원으로 구성된다. 이러한 구성은 아트리움을 중심으로 나선형으로 돌아가며 배치되어 시각적 개방감을 준다. 이 공간은 또한 4개 층마다 동네 커뮤니티 같은 클러스터를 형성하여 동료를 만나거나 휴식을 취할 수 있는

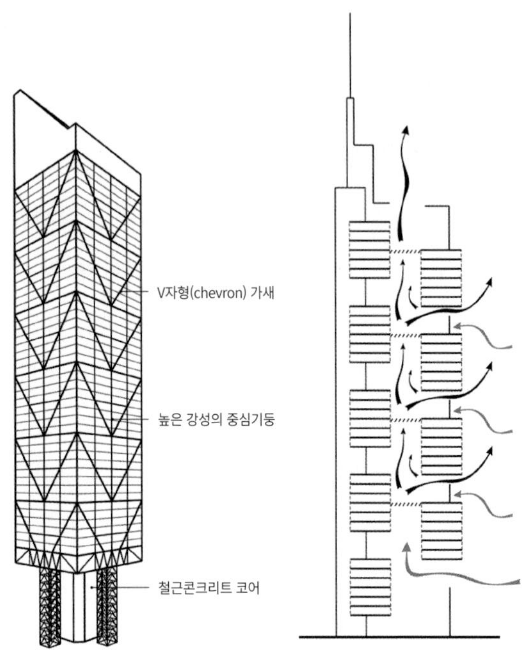

시티그룹센터와 코메르츠방크의 디자인 개념

장소를 제공한다. 환경적으로는 하늘정원을 통해 중앙 아트리움으로 빛과 신선한 공기를 누릴 수 있는 이점이 있다. 아트리움은 시각적 개방감과 더불어 사무공간의 자연환기를 위한 굴뚝 역할을 한다. 이러한 환경 친화적인 디자인을 통해 냉난방에 필요한 에너지를 줄임으로써, 세계 최초의 생태학적 초고층빌딩이자 새로운 업무공간의 유형을 제안할 수 있었다.

고층빌딩은 '더 높이' 올라가고자 하는 인류의 욕망과 당대가 가진 건설 기술의 진보를 보여주는 상징적인 건축물이다. 그리고 이 또한 건축물이기 때문에 건축가의 의도가 투영되는 것은 당연하다.

　　　구조, 보이지 않는 건축

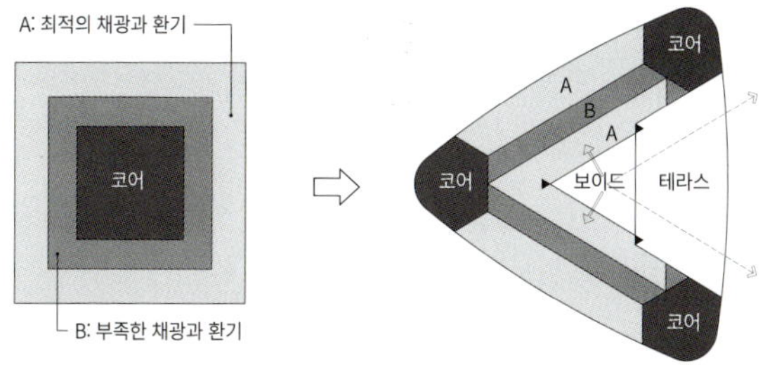

코메르츠방크와 동일한 면적의 전형적인 중앙코어　　　분산된 코어, 아트리움과 테라스로 업무공간의 쾌적성 확보

코메르츠방크 사옥의 혁신적 평면과 아트리움 전경

높게 솟아오르려는 욕망과 함께 이 거대한 구조물이 사람들을 위한 공간이 될 수 있기를 소망하는 건축가의 염원이 담겨 있는 것이다.

거킨빌딩   The Gherkin
노먼 포스터   Foster + Partners
              2004년 완공
업무빌딩   OFFICE
영국 런던   LONDON, UK

지속가능한 타워, 노먼 포스터의 '거킨빌딩'

영국의 노먼 포스터Norman Foster(1935~)가 설계한 이 건축물은, 스위스 재보험회사 스위스리Swiss RE를 위한 것으로 2004년 완공되었으며, 몇 년 후 투자회사에 매각되었다. 코메르츠방크 사옥과 유사한 개념으로 설계된 이 빌딩의 공식 명칭은 '30 세인트 메리 엑스30 St Mary Axe'지만 현지에선 거킨gherkin이라는 별명으로 더 많이 불리게 되었다. 전체적인 모양과 돌기 같은 삼각형 창이 피클용 오이를 닮았기 때문이다. 이 건물은 런던 최초의 생태학적 고층 건물이자 건축적으로, 사회적으로, 공간적으로 새로운 접근 방식을 제안한 사례다. 41층 높이의 업무용 건물로, 새로 조성된 광장에서 접근할 수 있는 상점과 카페, 아케이드를 비롯해 4만 6,400㎡의 사무 공간과 최상층에는 런던 전역을 360도 조망할 수 있는 클럽 룸이 있다.

형태

이 빌딩은 방사형 기하학에 기반한 원형으로 계획되었으며 상층부로 가면서 원의 지름이 넓어지고 정점으로 갈수록 뾰족해진다. 이

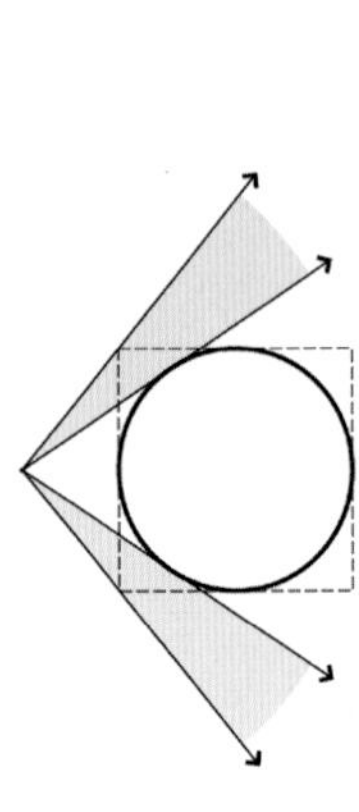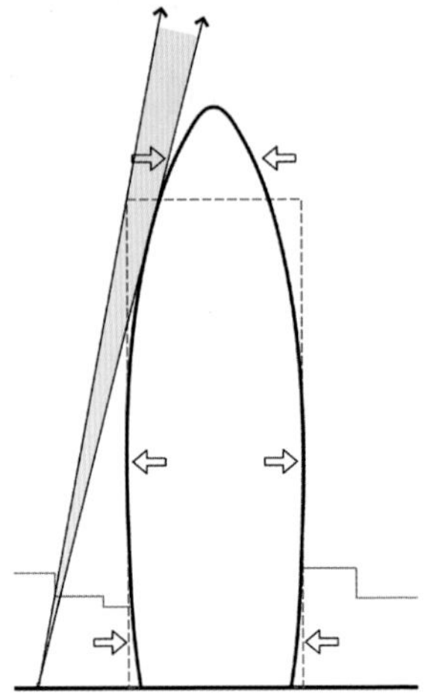

가로환경을 배려해 선택된 '오이'형태

독특한 형태는 대지의 제약에 대응한 결과로, 동일한 크기의 직사각형 블록보다 하늘을 향한 전망과 가로 레벨에서의 시야를 넓혀준다. 또한 공기역학적인 형태를 통해 바람이 흘러가도록 하여 구조의 부담을 줄여주며, 센 바람이 아래로 내려오는 현상을 감소시켜 보행환경에 미치는 영향을 줄였다. 오이처럼 생긴 형태는 횡력에 대응하는 최적의 구조적 해법이자 가로환경에 대한 섬세한 배려와 건물 주변으로 열린 시선을 확보하려는 제안을 담고 있다.

다이아그리드 구조

다이아그리드Diagrid는 사선diagonal과 격자gird의 합성어로 대각선으로 이루어진 격자가 삼각형을 만들어 수직하중과 측면 횡하중을 모두 지탱할 수 있는 구조이다. 노먼 포스터는 더 적은 재료로 더 많은 것을 할 수 있는 효율성과 이를 위한 경량성을 주요 목표로

 구조, 보이지 않는 건축

삼았다. 다이아그리드는 튜브 시스템의 원리를 바탕으로 더 얇은 부재로 동일한 하중을 지지할 수 있으며 수직하중을 담당하는 별도의 기둥을 없앨 수 있는 아주 효율적인 구조방식이다. 또한 다른 튜브 시스템에 비해 외피에서 구조 요소가 차지하는 비중이 훨씬 줄어 더 넓은 창을 통해 빛과 전망이 제공된다.

"Diagrid structures echo naturally occurring molecular forms and are inherently strong and efficient – a perfect example of how nature does 'more with less'. Light, rigid and resilient, they allow great formal and structural freedom. With applications ranging from airframes to skyscrapers, they literally let the imagination take flight.
- Norman Foster

"다이아그리드 구조는 자연에서 발견되는 분자 형태와 유사하며, 태생적으로 강력하고 효율적이다. 이는 '적은 것으로 더 많은 것을 이루는' 자연의 방식을 보여주는 완벽한 사례다. 가볍고 단단하며 탄력성도 뛰어나 형태 및 구조적 자유도가 매우 높다. 이 구조는 항공기 몸체부터 고층빌딩까지 다양한 용도로 사용할 수 있어 문자 그대로 상상력을 마음껏 발휘할 수 있게 해준다.
- 노먼 포스터

기후사무소

노먼 포스터는 현대건축의 거장, 미스 반 데어 로에의 유리 고층빌딩에 영감을 받은 것으로 알려졌다. 한편 그의 건축철학에 지대한 영향을 미친 또 다른 인물이 있다. 그는 통합된 공간과 에너지 및 환경에 대한 효율성을 거시적 차원에서 추구한 미국의 건축가 버크민스터 풀러Buckminster Fuller다.

1971년 버크민스터 풀러와 포스터는 다이아그리드의 원리를 사용한 거대한 유리 돔 아래 자연과 오피스를 결합하고 공동체의식을 장려하는 혁신적인 업무공간 계획인 '기후사무소Climatroffice'를 제안했다. 이러한 개념은 포스터가 설계한 윌리스 파버와 뒤마Willis Faber & Dumas 본사의 저층형 업무빌딩에도 반영되었으며 이후 도쿄의 밀레니엄 타워 계획을 시작으로 동일한 개념이 초고층건물의 수직 영역으로 변환되어갔다. 무엇보다 수직화 되었을 때의 한계인 층간의 소통과 사회적 공간을 만들기 위해 많은 노력을 기울였다.

코메르츠방크 사옥이 중앙 아트리움과 하늘정원을 통해 자연 채광과 환기를 촉진하고 시각적 연결과 사회적 공간을 제안하였다면 거킨 빌딩에서는 외피를 따라 나선형으로 연속된 아트리움과 하늘정원이 도입되었다. 이 공간은 건물의 '폐' 와 같은 역할을 하는 곳으로, 정면의 개구부 패널을 통해 유입되는 신선한 공기를 분배함으로써, 에어컨 의존도가 줄어 에너지를 크게 절감할 수 있었다.

거킨 빌딩은 초고층이라 부르기에는 다소 낮은 높이(180m)이지

버크민스터 풀러와 노먼 포스터가 제안한 '기후사무소', 「미래긍정: 노먼 포스터, 포스터 + 파트너스」전 (서울시립미술관, 2024)의 전시 모형

     구조, 보이지 않는 건축

만, 다이아그리드와 바람의 영향을 최소화하는 형태를 통해 가벼운 구조를 만들고, 자연 채광과 환기를 촉진하는 하늘정원을 배치하여 환경 친화적인 건물을 만든 사례다. 또한 공동체의 측면에서 마을 같은 클러스터를 구성하여 사회적 공간으로도 활용되도록 하였다. 따라서 이 건물은 건축가의 철학이 담겨진 기후사무소의 수직화로 봐도 좋을 것이다.

필자가 가까이서 지켜본 노먼 포스터의 건축철학

필자는 2006년부터 2013년까지 약 8년간 노먼 포스터의 런던 본사에서 근무했다. 입사할 당시에는 '프리츠커상을 받은 하이테크 건축으로 유명한 노먼 포스터의 대형 설계회사' 정도로 생각했었다. 그러나 내부에서 다양한 프로젝트들을 경험하며 노먼 포스터가 가진 건축철학에 빠져들게 되었다. 건축철학은 건축가가 자신의 작품을 디자인하고 구축하는 과정에서 취하는 철학적인 접근이나 관점을 의미한다. 이는 가치관, 목표, 이상, 그리고 그 작품이 사회적, 문화적, 환경적으로 의미있는 방식으로 기여하고자 하는 신념을 포함한다. 그러한 의미에서 노먼 포스터의 지속가능성에 바탕을 둔 미래지향적인 건축철학은 정말 통찰력 있게 느껴졌다. 입사할 당시인 2000년대 초반은 기후 변화와 환경 문제 해결을 위한 탄소 배출 절감형 건축이 세계적으로 화두가 되고 지속가능성이 건축계에 본격적으로 확산하던 때였으나 노먼 포스터 사무실은 이미 1967년 설립 후 40년간 지속가능성을 핵심 요소로 기술적인 혁신을 통한 에너지 효율적인 건축물을 실현해왔으며 이미 회사의 모든 프로젝트를 진행하는 과정에 이러한 철학이 공기처럼 스며들어 있었다. 노먼 포스터의 건축은 단순히 '에코 디자인'을 넘어, 구조의 혁신을 통한 경량성을 추구하며, 자연채광과 자연환기를 적극적으로 활용하고 첨단 친환경기술을 도입하여 에너지 소비를 최소화한다. 무엇보다 물리적인 건축물의 구성요소만이 아닌 사회적 지속가능성에도 주목하여 기존의 사회적, 공간적인 경계를 허물고 조화로운 사회를 위한 '통합성intergration'을 주요한 가치로 보았다. 당시는 물론이고 지금까지도 노먼 포스터에서 일하며 체득한 것들이 필자가 건축을 해나

필자가 참여했던 중국 다통뮤지엄의 전시 모형 -
「미래긍정: 노먼 포스터, 포스터 + 파트너스」전(서울시립미술관, 2024)

 구조, 보이지 않는 건축

가며 방향을 설정하는 데 큰 영향을 주었다고 자신있게 말할 수 있다. 노먼 포스터의 프로젝트에서 무엇보다 인상적이었던 점은, 디자인하는 건축적 요소 하나하나가 모두 기능적이라는 것이다. 흔히 말하는 '작가'로서의 감각이나 감성에 의존하는 경우는 거의 없으며 모든 요소는 명확한 의도에 따라 디자인된다. 단순히 기능만을 강조하는 것이 아니라 기술, 지속가능성, 미학이 통합되어 혁신적인 결과로 만들어진다. 아무런 역할을 하지않는 요소는 배재되며 모든 요소는 그 역할의 최대치를 발휘하면서도 최소한으로 만들어져서 최적화 되도록 노력한다. 때로는 이러한 방식과 결과가 기계적으로 보일 수도 있지만, 많은 요소들이 본연의 역할을 수행하며 하나의 건축물로 조화롭게 통합된 모습은 그 어느 미적 형태보다 아름답게 여겨진다.

Ⅱ
재료와 구법

건축가는 어떻게 구조재료를 선택할까

설계과정에서 의뢰인에게 많이 받는 질문 중의 하나가 "어떤 구조재료를 선택하는 게 좋은가?"이다. 어느 경우든 구조재료를 빨리 선택하는 것이 프로젝트의 원활한 진행을 위해서 유용하다. 의뢰인이 특정 재료를 요청하지 않는 이상, 일반적으로는 건축가의 기본지식을 바탕으로 선정한다. 구조적으로 복잡하거나 다양한 조건을 고려해야 할 경우는 구조기술자와 함께 협의해야 할 수도 있다. 당연한 이야기지만 모든 프로젝트에 공통적으로 적용할 수 있는 '만능의 구조재료'는 없다. 프로젝트마다 놓이는 대지가 다르고 대지의 조건이 다르며 건축물의 용도, 형태 등이 다르니 다양한 조건을 고려하여 구조재료를 선택할 수밖에 없다. 건축가로서는 디자인의 의도를 가장 잘 구현할 수 있는 구조를 선택하고자 할 것이고, 의뢰인으로서는 가능한 빨리 지을 수 있고 예산을 줄일 수 있는 구조를 선호할 것이다. 또한 구조기술자로서는 건물의 안정성을 확보하면서도 건축가의 의도를 살리고 경제성도 갖춘 구조재료를 추천하게 될 것이다. 이렇게 실제 프로젝트에서 구조재료를 선택할 때는 재료의 기능적 문제를 넘어서 다양한 여건과 조건을 함께 고려해야 한다.

구조재료의 선택에 고려해야 할 사항들은 아래와 같다.

첫째, 재료의 물리적 특성

먼저 '강도強度 strength'와 '강성剛性 stiffness'에 대한 이해가 필요하다. 강도와 강성은 유사한 의미 같지만 구조에서는 구분되는 개념이며, 구조적 성능은 재료의 강도 및 강성과 관련이 있다. '강도'는 힘이라 부를 수 있으며 파손 없이 하중을 버티는 재료의 능력을 말한다. 구조재료는 다양한 외력(인장강도, 압축강도, 굽힘강도, 비틀림강도)에 충분히 강해야 한다. 재료의 종류에 따라 강도는 다르며 용도에 비해 너무 약한 재료를 선택하는 것은 명백한 실수이지만 필요 이상으로 강한 재료를 쓰는 것도 비합리적인 계획이다. '강성'은 단단함이며, 하중을 분산하고 변형에 저항하여 원래의 형태로 돌아가는 재료의 능력을 말한다. 재료가 단단할수록 휘어지는 정도는 줄어든다. 강도와 강성을 혼동하면 안 되는데, 예로, 밧줄은 무게를 지탱할 수 있는 일정 강도를 가졌지만, 강성은 현저히 낮은 재료이다. 반면 유리는 휘어지기 어려울 만큼 강성이 높지만, 하중을 지탱할 만큼의 강도를 가지고 있지는 않다.

다음으로는 내구성durability이다. 구조물의 안전성을 일정한 수준으로 유지하기 위해 필요한 것이다. 장기간에 걸친 외부의 물리적, 화학적 또는 기계적 작용에 저항하여 변질되거나 변형되지 않고 처음의 설계조건과 같이 유지될 수 있는 구조물의 성능을 뜻한다. 재료들은 시간이 지남에 따라 썩거나, 분해되고, 부식되거나, 찢어지며, 어떤 재료는 다른 재료보다 더 쉽게 특정 현상에 대한 내구성이 떨어진다. 예를 들어, 강철은 외부에 노출되면 쉽게 부식되어 구조적인 성능에 큰 영향을 미칠 수 있다. 콘크리트는 상대적으로 큰 변화가 없지만, 다른 선진국에 비해 우리나라의 경우는 건축수명이 짧다. 이에 환경성능에 맞는 내구성 설계로 구조물의 수명을 늘려 자원 낭비와 환경 부담을 줄이고 보다 높은 안전성을 확보하기 위해 점점 더 높은 내구성 기준이 적용되고 있다. 건축물의 수명은 물론 구조재료에 의해서만 정해지지 않으므로 마감재, 설비, 배관, 등 기타 건축 재료의 내구성을 함께 고려해야하며, 자동차와 마찬가지로 건물도 시간이 지나면 수리와 보수가 필요하다.

둘째, 공사기간과 비용

구조재료에 따라 공사기간도 달라진다. 예를 들어 습식공사(물을 이용하여 부재, 부품, 제품 따위를 쌓거나 만드는 공사)인 콘크리트나 조적공사에 비해 건식공사라 할 수 있는 철골이나 목구조의 경우에는 공사기간이 짧다. 가장 일반적인 예로, 철근콘크리트는 거푸집과 철근의 설치, 콘크리트 타설, 그리고 굳히는 시간인 양생과정을 거치므로 그 절차도 복잡하고 이를 위한 노동력과 시간도 많이 소요된다. 또한 물을 사용하기 때문에 추운 겨울철에는 품질확보나 공사 자체가 어려울 수 있다. 반면에 철골조는, 공장에서 만들어진 철골 부재를 현장에서 조립하는 방식으로 골조를 단기간에 만들어낼 수 있다. 그러나 공사의 속도는 항상 비용과 함께 고려되어야 한다. 다른 조건이 동일하다는 가정 하에 철골조는 철근콘크리트보다 공사 속도가 빠르지만 비용이 더 많이 든다. 대신 공사를 빨리 끝내면 건물을 사용할 수 있는 기간이 늘어난다. 만약 임대를 위한 건축물이라면 빨리 지어진 만큼 임대수익을 기대할 수 있고, 공사비의

구조, 보이지 않는 건축

대출 기한도 줄일 수 있다. 반면에 철골의 높은 비용을 빠른 완공으로 인한 수익으로 상쇄할 수 없다면 꼭 속도가 중요한 것은 아닐 것이다. 공사기간과 비용은 개별 프로젝트의 상황과 여건에 맞게 결정해야 한다.

셋째, 대지의 위치 및 조건

우리나라는 거의 모든 재료를 수급할 수 있는 여건을 갖추고 있지만 아프리카 등 일부 지역에서는, 철골 자재를 생산하거나 공급할 수 없는 상황도 있다. 이에 따라 기술집약적인 대량 생산형 자재보다 노동집약형인 현장제작이 가능한 구조재를 선택해야 하는 상황도 발생한다. 또한 인근 지역에서 생산과 공급할 수 있는 재료를 사용하는 것이 운송비 등을 줄이고 지역의 특성도 반영할 수 있어 경제적이며 여러모로 친환경적이고 지속가능한 선택이 되기도 한다. 건물 규모의 문제도 있다. 도시라 하더라도 막다른 좁은 골목의 아주 작은 대지를 생각해 보면, 일정크기 이상의 자재는 현장 반입이 불가능하다. 레미콘 차량이 진입하기 어려운 조건을 고려하여 구조재료를 선택해야 하는 상황도 있다. 또한 일반도로로 운반되는 자재의 크기도 법으로 규제하고 있어 그 이상으로 큰 크기의 자재는 운반할 수 없다.

과거의 재료와 현재의 재료

다양한 구조재료가 존재하고 새로운 재료 탐구가 이루어지고 있지만, 가장 보편적인 구조재료는 나무timber, 돌/벽돌masonry, 콘크리트concrete, 강철steel 이 네 가지라 할 수 있다. 나무와 돌이 자연의 물성을 활용한 과거의 재료라면, 콘크리트와 강철은 구조재료로 가공된 현대의 재료라고 할 수 있겠다. 물론 이 네 가지 재료는 현재에도 다양한 방식과 용도로 건축물을 만드는 데 사용된다.

크게 분류해 보면, 돌과 콘크리트는 무거운 재료이며, 주로 덩어리를 만드는 데 사용한다. 그리고 물을 사용하는 습식濕式공사에 적합하다. 반면 나무와 철은 상대적으로 가벼운 재료이며, 선線적인 요소로 만들어지며 물을 사용하지 않는 건식乾式공사에 적합하다. 무거운 재료인 돌과 콘크리트는 누르는 힘(압축력)에 강하다. 따라서 위에서부터 내려오는 힘을 받아주고 전달해주는 데 용이한 재료이다. 하지만 당기는 힘(인장력)에는 매우 취약하다. 따라서 휨이 발생하는 바닥, 보와 같은 수평부재로 사용하기에 제한적이다. 반면에 강철의 인장력은 우수하며, 나무도 무게에 비례하여 상당한 인장력이 있다. 이 때문에 나무와 강철은 보와 같은 수평부재로 사용하기 용이하다.

돌은 오래전부터 사용된 자연적인 재료로 채석과 재단 과정을 거쳐 사용해왔다. 무게가 상당해서 현대에는 돌을 사용하는 대신, 흙을 구워 만든 벽돌같이 작은 크기의 유닛을 모르타르를 이용해 쌓는 조적공사masonry를 한다. 이는 특별한 기술력 없이 적은 노동력으로 할 수 있으며, 사람의 손으로 쉽게 다룰 수 있는 크기와 무게로 인해 제작과 운반, 설치가 편리하다는 장점이 있다. 콘크리트는 시멘트, 모래, 굵은 골재(자갈 또는 쇄석) 및 물 네 가지 성분을 정해진 비율로 혼합하여 만들어지며 원하는 형태의 주형(일반적으로는 거푸집)에 부어 경화시켜 사용한다. 콘크리트는 비교적 제조와 생산이 용이하므로 돌보다 경제적이며, 원하는 모양으로 어느 곳에서나 사

　　　구조, 보이지 않는 건축

용할 수 있다. 석재와 콘크리트는 상대적으로 불에 강하며, 열을 저장하는 축열 기능도 있다. 외부환경에도 강하여 별도의 마감이 필요 없다. 하지만 이 두 재료는, 모르타르와 콘크리트의 양생 시간이 필요하며, 쌓는 동안의 작업 공간 및 발판 마련, 콘크리트의 경우 형틀(거푸집)을 만들어야 한다는 단점이 있다.

나무는 돌과 함께 가장 오래된 구조재료이다. 나무를 사용한 구조재를 목재timber라고 부르는데, 목재는 천연재료이기 때문에 가장 친환경적인 구조재이다. 반면 자연에서 만들어지는 재료이기 때문에 그 크기가 제한적이다. 자연의 나무를 건조 후 재단하여 사용하는 원목구조는 일정 크기 이상의 좋은 나무를 선택하는 것이 중요하다. 원목구조를 사용하면 공사비가 증가하므로 일반적으로는 나무를 일정한 크기와 형태로 절단한 뒤 이를 접착제로 접합해 만든 '집성목'을 사용한다. 집성목은 원목에 비해 규격화가 가능하며 더 넓고 긴 목재를 만들 수 있으며 자유로운 재단이 용이하고 저렴하다.

'목재는 화재에 약하다?'라는 인식이 있다. 목재는 가연성 물질이지만 화재 시 소진되는 비율이 상대적으로 낮고 고온에서도 구조적 특성을 잃지 않는다. 따라서 과도한 응력이 발생하는 시점(다른 재료, 특히 금속은 상대적으로 낮은 온도에서 강도를 잃음)까지 화재 속에서도 천천히 연소되며 구조의 기능을 유지한다. 물론 화재는 목재 건축에서 가장 취약한 문제이며 목재가 타는 것을 부정할 수 없으나 통나무mass timber가 강철보다 화재 시 실제로 더 안전하다는 많은 실험의 결과가 있다. 예를 들어, 화재가 발생하면 두꺼운 목재가 외부에서 탄화되어 내부를 밀봉하고 손상으로부터 보호한다. 목재는 분당 약 0.02인치의 속도로 천천히 연소하며, 이때 목재 표면에 생성되는 숯은 목재 내부를 보호하는 단열기능을 함으로써 구조를 유지하는 데 도움이 된다. 상대적이긴 하지만, 화재 시 목재 구조물의 성능은 생각보다 강하다고 볼 수 있다.

강철은 일반적으로 철골steel frame조로 불리는 구조재로 사용된다. 철골은 네 가지 구조재 중에 무게 대비 강도가 가장 높고, 압축력과 인장력 또한 높아서 프레임구조에 사용하기 적합하다. 목재보다는 무겁지만, 돌과 콘크리트보다는 가벼운 재료로 경량재로 볼 수 있다. 공장에서 생산하기 때문에 높은 품질과 매끄러운 표면, 직선 및 날카로운 모서리 등 선형 구조의 미를 우아하게 드러내기 좋은 재료이다. 하지만, 외부환경(물과 화재 등)에 취약하여 강철 그대로 노출하여 쓰기 어려워, 다른 재료로 표면을 보호해 주어야 하며 다른 구조재료에 비해 비싸다.

그럼 네 가지 재료 중 최고의 구조재료는 무엇일까? 그것은 프로젝트마다 '최고'가 무엇을 의미하는지에 달려 있다. 가장 강한 구조재료가 최고일까? 가장 저렴하고, 가장 빨리 지을 수 있는 재료가 최고일까? 만약 모든 면에서 최고인 구조재료가 딱 하나 있다면, 전 세계의 모든 건축물은 그 재료로만 지어졌을 것이다. 우리는 과거와 현재를 넘어 돌이나 벽돌로 만들어진 건축물, 목재로 지어진 건물, 그리고 콘크리트 또는 강철로 만들어진 건물들을 볼 수 있으며 때로는 특이하게 얼음이나 진흙 또는 천이나 대나무로 지어진 건물을 접하기도 한다.

아마도 최고의 구조재료는 건축가의 의도를 가장 잘 나타내면서 경제적·재료적·환경적 조건에 최적화된 재료일 것이다. 경우에 따라선 각 구조재료의 새로운 가능성을 탐구하는 과정에서 건축가가 뜻

밖의 아이디어를 떠올릴 수도 있다. 각 재료의 장점은 점점 더 극대화
되고, 단점은 극복되어 가는 것이 기술의 발전이며 이는 각 구조재료
의 특성에 대한 새로운 시도와 연구를 통해서만 가능하다.

단일체monolith를 구현해 준 철근콘크리트

콘크리트는 여전히 혁명적이라고까지 말할 수 있는 재료이다. 건축뿐만이 아니라 도로, 다리, 댐, 등 대부분의 인공건조물에 콘크리트를 사용해 왔다. 대도시를 콘크리트 숲이라고 부를 만큼 콘크리트는 인공건조물을 구축하는 곳에 광범위하게 쓰이고 있다.

콘크리트는 시멘트, 모래, 굵은 골재(자갈 또는 쇄석)에 물을 정해진 비율로 혼합하여 만든 혼합재이다. 이 중 가장 중요한 역할을 하는 시멘트는 결합재로서, 물과 반응하여 굳고 단단해져 다른 재료들을 함께 굳힐 수 있다. 콘크리트는 이 시멘트를 결합재로 사용해서 골재와 골재를 한 덩어리로 만들어 단단한 구조재가 된다.

콘크리트의 시작은 정확히 알 수 없지만, 로마시대에 화산회火山灰와 석회석을 써서 만든 것을 시초로 본다. 베수비오 화산 근처 포추올리 지역에서 나오는 화산재를 석회모르타르에 혼합한 포촐라나가 바로 로만콘크리트의 원조인데 포촐라나는 수경성(물에 의해 굳어지는 성질)이 좋아 도로, 성벽, 수로, 주택, 궁전 등 로마시대의 많은 구조물에 적용되었다. 이 중 126년에 완공된 로마의 판테온은 현대식 콘크리트가 만들어지기 전까지 단일공간으로는 가장 큰 실내 공간(지름 43.3m의 돔 구조)이었다. 이후 현대의 콘크리트는 19세기 초에 포틀랜드 시멘트Portland cement가 발명된 후 1867년 프랑스에서 철망으로 보강된 콘크리트가 만들어진 것을 시작으로 본다. 1824년 영국의 건축사 조셉 애스프딘Joseph Aspdin이 점토와 석회석을 갈아내어 섞은 뒤 구워서 시멘트를 만들었다. 영국 남부 포틀랜드 섬의 석회석인 포틀랜드 돌과 색상이 닮아 포틀랜드 시멘트라 불리게 됐다. 이후 프랑스의 정원사 조제프 모니에Joseph Monier는 1867년 콘크리트의 인장력을 강화하기 위해 콘크리트 속에 철망을 넣어 보강한 화분을 만들어 현재의 철근콘크리트의 시초가 되었다.

철근콘크리트 Reinforced Concrete

콘크리트는 누르는 힘(압축력)에 강하다. 하지만 재료의 특성상 당기는 힘(인장력)에는 매우 취약하다. 이에 휘어짐이 발생하는 바닥, 보와 같이 수평적인 부재로 사용하기 위해서 인장력이 높은 철근을 삽입하여 보강한 것이 철근콘크리트이다. 이러한 이유로 철근을 영어로 Reinforcement Bar 줄여서 RE-bar(리바)라고 표현하며, 철근콘크리트를 RC로 줄여 부르기도 한다. 콘크리트와 철근을 같이 쓸 수 있는 이유는 철근과 콘크리트의 열팽창계수가 우연하게도 거의 같기 때문이다. 콘크리트가 철근을 감싸는 형태로 시공되므로 부식에 취약한 철근에 공기가 접촉하는 것을 막아주고, 타설 시에는 수분을 잔뜩 머금고 있지만 알칼리성이라 철근의 부식도 막아준다. 물론 수분을 완벽하게 차단하지는 못해서 콘크리트에 포함된 수분이나 미세한 균열을 통해 유입된 수분에 철근이 부식될 수 있다.

콘크리트의 인장력(3-8 N/㎟)은 압축력(30-40 N/㎟)의 8~15%에 불과하다. 이 또한 예측하기 어렵기 때문에 철근콘크리트에서 압축력은 콘크리트가, 인장력은 철근이 담당하는 것으로 본다. 결과적으로 콘크리트를 철근으로 보강하여 철근콘크리트를 만들면, 압축에 매우 잘 견디는 콘크리트의 강점은 살리고 약점인 인장과 전단에 대한 저항을 철근으로 보강하는 효과가 발생한다. 건축구조에서 말하는 콘크리트는 이 철근이 들어간 철근콘크리트로 통칭한다. 이 철근콘크리트를 통해 보와 바닥을 만들 수 있게 되었고, 적정 경간의 프레임구조를 통해 다층의 건물, 고층의 건물도 지을 수 있게 되었다.

철근콘크리트의 단점은 예상보다 많은 하중이 가해졌을 때 보 등의 수평부재의 하부에 발생하는 균열로 인해 강철만큼 넓은 경간을 만들기 어렵다는 것이다. 콘크리트에 균열이 발생하면 콘크리트는 힘을 받지 못하게 되므로, 철근콘크리트 보에서는 콘크리트의 인장응력은 무시하고 인장력을 모두 철근이 받도록 설계한다. 이러한 단점을 극복하기 위해 개발된 것이 '프리스트레스드 콘크리트Pre-stressed concrete'다. 이는 철근 콘크리트 보에 발생하는 인장응력을 상쇄할 수 있도록 콘크리트에 미리 압축응력을 줌으로써 철근콘크리트의 단점을 보완하는 방식이다. 이에는 두 가지 공법이 있는데 PS강선을 긴장시킨 상태에서 콘크리트를 타설하고 경화 후에 긴장을 해제하여 부재 내에 미리 압축력을 부여하는 프리텐션Pre-tension 공법과 PS강선이 산입된 관을 거푸집 속에 배치하고 콘크리트 타설 및 경화 후에 긴장을 주는 포스트텐션Post-tension 공법이다. 이를 통해 더 넓은 경간이 가능하며, 균열을 방지할 수 있고, 상

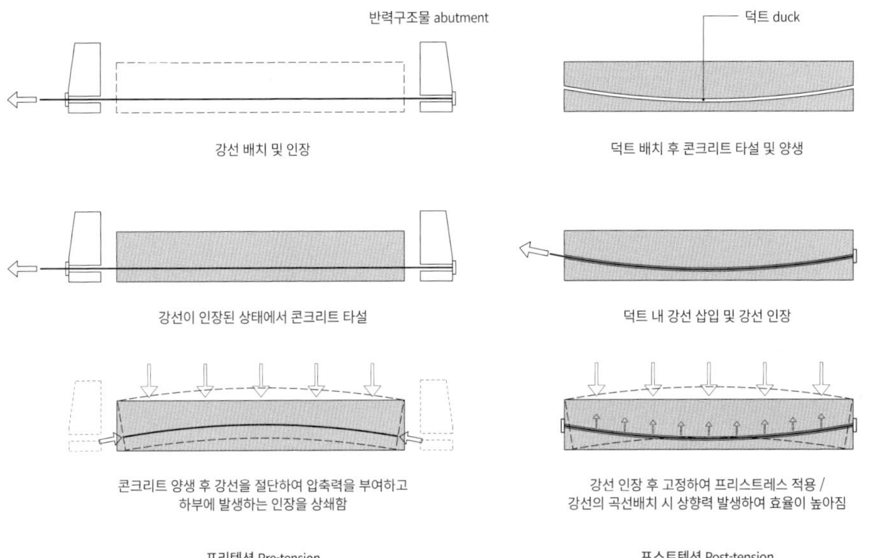

프리스트레스드 콘크리트의 공법

대적으로 얇은 부재단면으로 강도와 안전성을 보장할 수 있다. 물론 일반적인 철근콘크리트 보다 공사가 복잡하고 난이도가 높으며, 비용도 증가한다. 단점으로는 상대적으로 단면이 작아서 진동에 약하다. 따라서 일반적인 조건보다는 대공간이나 넓은 경간이 필요할 때 사용된다.

또한 강철과 철근콘크리트를 혼합한 철골철근콘크리트SRC: Steel Reinforced Concrete가 있다. 철골조에 사용되는 H형강과 혼합하여 넓은 경간이나 내진성 등이 중요한 초고층건물 등에 사용된다. 프리캐스트 콘크리트Precast Concrete는 벽, 바닥 등을 구성하는 콘크리트 부재를 미리 운반 가능한 모양과 크기로 공장에서 만드는 것이 특징이다. '미리 콘크리트를 붓는다'라는 의미에서 프리캐스트

콘크리트라고 부른다. 야외현장에서 콘크리트를 타설하면 품질을 관리가 어려운데 반해, 공장에서 일정한 조건으로 제작하면 고품질의 부재를 얻을 수 있다. 또한 대량생산이 가능해, 노동력 감소와 공기단축을 통한 비용절감도 된다. 하지만 규격에 맞춰 생산되기 때문에 이를 벗어난 상황에 대체할 수 있는 유연함이 떨어진다. 현장타설 방식은 기둥, 보, 바닥을 모두 하나의 덩어리로 만드는 것인데 반해, 프리캐스트는 각 부재를 연결하는 접합부에 대한 세밀한 고려와 시공이 필요하다.

철근콘크리트와 디자인

콘크리트의 가장 큰 매력은 원하는 형상을 그대로 만들 수 있다는 것이다. 원하는 모양의 형틀을 만들고 그 안에 콘크리트를 부어 굳힌 후 형틀을 걷어내면 된다. 쇳물로 주물鑄物을 만드는 방식과 같이, 콘크리트로 사람이 들어갈 수 있는 크기의 형상을 얻을 수 있는 것이다. 이러한 방식은 연속된 하나의 덩어리mass를 만들 때 유리하다. 이는 건축가들에게 하나의 오브제로서 조소彫塑적인 모습을 구현할 수 있는 특별한 방법이다.

주로 선형 부재를 접합, 연결하여 만드는 철골조나 목구조와 비교하면 일체화된 덩어리에서 공간을 비워내고, 덜어내는 방식으로 건축물을 구성할 수 있으며 이를 통해 매력적인 하나의 조각 같은 건축물을 '빚어'낼 수 있다. 종종 현대 건축물을 설명하는 글 중에 '공간을 빚어냈다'라는 표현이 등장하는데, 이는 콘크리트로 구현한 모놀리스를 뜻한다. 모놀리스monolith는 '하나의mono- 돌lith'이라는 의미로, 어느 정도 규모가 있는 구조물이 여러 석재의 조합대신

 구조, 보이지 않는 건축

콘크리트의 일체화된 조형성을 보여주는 카사르 데 카세레스 버스정류장Casar de Cáceres bus station, 건축가 후스토 가르시아 루비오Justo Garcia Rubio, 2003

한 덩어리의 석재로만 이루어져 있을 때 사용하는 명칭이다. 더 이상 돌을 깎아 만들기 어려운 시대에 콘크리트는 모놀리스를 만들어 낼 수 있는 유일한 방법이 되었다.

콘크리트는 내구성과 내화성이 뛰어나서 콘크리트 표면에 특별한 처리를 하지 않아도 되는 구조재료이다. 이는 외장재를 사용하지 않고 구조의 물성 자체를 외부에 드러낼 수 있는 디자인 측면의 장점이 있다. 앞에서 이야기한 하나의 일체화된 형상을 그 물성 자체로 드러낼 수 있다면 순수한 공간과 볼륨만을 강조하기에 더없이 좋은 재료인 것이다.

브루탈리즘 Brutalism

브루탈리즘은 20세기 초의 모더니즘 건축의 뒤를 이어 1950년대에 영국을 시작으로 1970년대 초반까지 유행한 건축 양식이다. 이름은 르 코르뷔지에가 사용한 프랑스어 용어인 'béton brut(가공되지 않은 콘크리트)'에서 유래했으며, 날것 또는 거친 의미를 담고 있다. 브루탈리즘이 성행하게 된 배경에는 르 코르뷔지에가 주창한 '합목적성'을 가진 기능주의의 개념도 일조했는데 제2차 세계대전으로 폐허가 된 많은 도시들을 재건하기 위해 저렴하고 실용성이 좋은 철근콘크리트를 사용하면서 많은 브루탈리즘의 건축물들이 나타나게 된 것이다.

이 스타일의 건축물들은 구조적인 기능을 하는 콘크리트 보나 내력벽체를 외관에 직설적으로 노출한다. 거친 날것의 콘크리트 표면, 독특한 덩어리 형태, 육중해 보이는 소재로 이루어졌다. 브루탈리즘은 모더니즘, 그중에서도 기능주의에 뿌리를 두고 있지만 전통적인 건축물의 미학적 관점에서 벗어나 제2차 세계대전 이후의 사회적 평등 의식을 드러내기도 하면서 재료, 질감, 시공에 중점을 두었다. 브루탈리즘 건축가들은 건축물이 특정한 형태를 가져야 한다는 전통적인 관념에 도전하면서 외관만큼이나 내부공간도 중시했다. 철근콘크리트가 가진 구축적·물성적 특성을 통해 시대환경에 부합하는 하나의 사조로까지 전개할 수 있는 시도를 한 것이다.

노출콘크리트

이러한 브루탈리즘의 건축물들은 사실 미학적인 측면에서 큰 사랑을 받지 못했는데, 시간이 지남에 따라 노후화된 외관과 특유의 중압감으로 흉물로 취급받기도 했다. 한편 이러한 외관을 '가공된' 노출콘크리트로 발전시킨 건축가가 안도 다다오Tadao Ando이다. 노출콘크리트 방식은 콘크리트가 갖고 있는 색상 및 질감을 마감재 없이 외부에 드러내는 것이다. 콘크리트 타설 후 거푸집을 탈형한 상태를 그대로 노출해 콘크리트 자체가 나타내는 독특한 조형미를 강조한다. 콘크리트는 구조재이자 마감재이기 때문에 다른 어떤 마감 공사보다 어려움이 따른다. 하지만 그로 인해 다양한 형태의 표현이 가능해지고 건축물 본연의 모습을 그대로 드러냄으로써 순수하고 단단한 질감을 표현할 수 있다. 안도 다다오는 일본의 장인정신이 연상되는 매끈한 노출콘크리트 면을 만들어 내어 이전의 '거친' 느낌 대신 세련되고 현대적인 미감을 구현했고, 이로써 콘크리트 '노출'의 대중화에 기여했다.

팔라체토 경기장　　Palazzetto dello Sport
피에르 루이지 네르비　Pier Luigi Nervi
1957년 완공

경기장　　ARENA
이탈리아 로마　　ROME, ITALY

20세기 콘크리트의 신, 네르비의 '팔라체토 경기장'

이탈리아의 건축가이자 구조기술자인 피에르 루이지 네르비Pier Luigi Nervi(1891~1979)는 다양하고 독창적인 구조물들을 통해 철근콘크리트의 한계를 탐구하였다. 특히 철근콘크리트를 혁신적으로 사용한 얇은 쉘 구조thin shell structure의 우아함으로 세계적으로 알려지게 되었다. 네르비는 볼로냐 공과대학교에서 토목공학을 전공하였는데 놀라운 예술적 감각을 가지고 있었다. 이를 바탕으로 그가 디자인하고 제작한 많은 건축물이 탁월한 미학적 성취를 이룬다. 그의 디자인 접근 방식은 과감하고 대담한 디자인을 보여주면서도 상당히 실용적이었다. 구조와 형태 사이의 관계와 더불어 디자인의 건전성에 대한 지속적인 관심을 바탕으로 작업하였으며 혁신적인 공법 및 재료 사용을 통해 비용을 절감하는 방법을 끊임없이 고안했다.

네르비는 1931년 이탈리아 피렌체 경기장Stadio Artemio Franchi의 캔틸레버 지붕을 설계한 작업으로 처음 큰 주목을 받았다. 우아하면서도 구조체에 전해지는 힘의 흐름을 극적으로 드러내는 작품이다. 이후 1930년대에 이탈리아 공군을 위한 일련의 비행기 격납

격납고Aircraft hangar, 이탈리아 오르비에토, 1935

고를 설계하였는데, 리브 볼트ribbed vault방식으로 처리된 8개의 격납고는 그의 직업적 성공에 중요한 이정표가 된다. 그는 1차로 완성한 2개의 현장타설 방식 이후에 2차로 현장에서 부재를 제작하여 조립하는 훨씬 간단하고 효율적인 공법을 선택했다. 여러 격납고 공사 과정에서 네르비는 기술적인 실험과 탐구를 진행했고, 여기서 도출된 여러 혁신적인 공법들이 추후 그의 작품들에 활용되었다. 특히 철근콘크리트는 네르비의 수많은 작품들에서 주요 재료가 되었다. 당시 다른 건축가와 구조기술가들도 점차 이 재료의 잠재력을 활용했지만, 네르비는 동일한 철근콘크리트를 사용하면서도 독창적이며 아름다운 구축물을 구현했다.

재료와 공법의 혁신적인 사용 | 페로시멘트와 네르비 시스템

페로ferro는 이탈리아어로 철이란 뜻으로 페로시멘트ferro-cement는 철망과 시멘트 모르타르로 구성된 건축자재이다. 1930년대 국제정세상 대량의 철강이나 목재를 이탈리아로 수입하는 것이

구조, 보이지 않는 건축

사실상 불가능해졌다. 이러한 상황에 대응하기 위해 네르비는 페로시멘트라고 불리는, 1840년대에 프랑스에서 만들어져 주로 배의 몸체를 만드는데 사용된 이 콘크리트 기술을 구조기술에 활용하였다. 콘크리트와 금속 철망이 결합되어 철근을 사용하는 철근콘크리트보다 절반 이하의 두께로 만들 수 있었으며, 강도와 내구성이 뛰어나면서도 가벼운 재료였다. 네르비는 이 재료로 쉘과 슬래브구조의 골rib을 사전 제작하는 혁신적인 방식을 도입했다. 가벼워서 자중이 낮고 숙련된 기술이 필요 없어서 목재나 기타 재료의 거푸집 공사 없이 만들 수 있었으며, 이를 통해 비용과 공기를 줄이고 효율성을 높여 많은 프로젝트를 진행하였다.

또한 네르비는 노동집약적이고 공사기간이 긴 현장타설 공법을 개선하기 위해 현장에서 사전제작이 가능한 페로시멘트를 이용한 거푸집을 만들어 특허를 냈으며, 이러한 고안으로 골rib이 사용되는 슬래브와 쉘 또는 돔 구조물에 다양한 디자인이 가능해졌다. 특

네르비 시스템을 활용한 팔라체토 경기장

히 직교방식의 골 슬래브ribbed floor에서 휨모멘트가 펼쳐지는 등방성isotropic에 따라 골을 배치하는 방식의 네르비 시스템Nervi System을 만들어냈다. 로마 팔라체토 경기장Palazzetto dello Sport은 이러한 재료와 공법이 완벽하게 반영된 네르비의 대표작이다.

네르비는 20세기의 저명한 엔지니어 중 한 명으로 공식적으로 토목 엔지니어로 활동하는 동시에 건축가와 제작자 역할을 겸하였으며, 구조의 예술과 과학을 결합하여 현대 건축의 상징적인 작품들을 만들었다. 또한 공법과 재료의 획기적인 사용을 통해 공사비를 절감하는 합리적이며 효율적이기까지 한 형태들을 만들어냈다. 네르비가 1945년에 처음 출판한 저서『과학인가 건축 예술인가?Scienza o arte del costruire?』는 그 제목처럼 예술과 기술이 융합된 경이로운 작품들을 만들게 된 철학을 담고 있다.

"The conception of a structural system is a creative action only partly based on scientific data; static sensitivity entering in this process, although deriving from equilibrium and strength considerations, remains, in the same way as aesthetic sensitivity, an essentially personal aptitude"
- Pier Luigi Nervi
Scienza o arte del costruire?, P.162

"구조적 시스템을 개념화하는 작업은 창조적인 행위로서, 과학적 데이터를 일부 활용할 뿐이다. 이 과정에 관련되는 정적 민감도는 평형과 강도에 대한 고려에서 비롯되지만, 미적 감수성과 마찬가지로 본질적으로는 개인의 재능에 달려 있다."
- 피에르 루이지 네르비
『과학인가 건축 예술인가?』, p. 162

 구조, 보이지 않는 건축

로마 팔라체토 경기장 Palazzetto dello Sport

1957년 완공된 이탈리아 로마에 있는 '팔라체토 경기장'은 '작은 스포츠 홀'을 뜻한다. 실내경기장으로 1960년 로마 올림픽을 위해 지어져 농구 및 역도경기장으로 쓰였고 이후 다양한 실내스포츠와 공연 등의 이벤트 공간으로 활용되고 있다. 이 경기장은 직경 61m 의 골이 있는 콘크리트 쉘 돔concrete shell dome 구조로 만들어졌다. 쉘의 밀어내는 힘, 즉 추력推力thrust을 지지하기 위해 Y-형상의 콘크리트 플라잉 버트레스flying buttresses가 쉘을 받치도록 구현되었다. 무엇보다 구조물 대부분이 1,620개의 조립식 콘크리트 조각을 활용하여 제작되었기 때문에 돔 지붕은 40일 만에 세워졌고 경기장은 61일 만에 완공되었다. 이 1,620개의 마름모 모양의 조각은 지름 6㎜의 철근과 철망이 삽입된 얇은 콘크리트로 현장에서 하루에 30개씩 제작되었다. 크기를 달리하는 12개의 마름모 조각과 마지막 최고점의 이형 1개를 포함해 단 13개의 조각들로 1,620개의 거대한 방사형 모자이크 패턴의 골을 가진 아름다운 쉘을 만들어냈다. 각각의 조각은 특별한 장치 없이 쉽게 제작할 수 있는 속이 빈 블록으로 작업자 두 명이 손으로 운반할 수 있을 만큼 가벼웠다. 무엇보다 이를 통해 철근콘크리트에서 일반적으로 사용하는 거푸집이 더 이상 필요없는 전체 구조시스템을 구현했는데 비용절감과 공사기간을 줄일 수 있는 효율적인 방법이었다. 돔 지붕을 지지하는 Y-형상의 지지대도 수직 기둥을 포함하여 사전 제작되었으며, 10도 간격으로 36개를 배치해 원형의 경기장을 둘러싸며 시각적 개방감을 확보하고 이동공간으로도 활용할 수 있게 하였다.

이 혁신적이고 아름다운 경기장은 로마의 많은 돔 구조와 유사

로마 팔라체토 경기장의 평면 기하학

한 원형의 낮은 돔과 같은 형태에서 기원한 것으로 보인다. 네르비는 필리포 브루넬레스키Filippo Brunelleschi가 설계한 피렌체 대성당, 산타 마리아 델 피오레Santa Maria del Fiore의 돔을 단순한 수학적 계산의 결과가 아닌 직관과 구조의 미를 보여주는 기술적으로 완벽한 건축물의 예로 생각하였다. 바로 이런 이유 때문에 아름답다고 말할 만큼 돔 구조에 영향받았고 특히 이 경기장은 로마의 판테온에서 영감을 받은 것으로 보인다. 네르비의 새로운 공법과 구조디자인으로 탄생한 로마 팔라체토 경기장은 마치 로마 판테온의 돔 지붕에서 두께를 걷어내어 얇은 쉘 지붕으로 만든 듯하다. 벽을 없애고 Y-형상의 지지대를 통해 시각적으로 경기장이 공중에 떠 있는 느낌을 주었다. 또한 외부는 쉘 형상의 표면만 보이는 반면 내부에서는 기하학 패턴과 같은 골의 배열을 드러내 역동적인 분위기를 연출한다. 이는 철근콘크리트의 혁신적인 사용과 시공기술의 획기적인 아이디어가 만들어 낸 결과물이다. 가벼우며 효율적이고, 아름다운 세계적인 유산이자 건축과 구조분야의 주목할 만한 작품이기에 로마의 랜드마크로 자리매김할 수 있었다.

"Beauty does not come from decorative effects but from structural coherence. Formal beauty and technical perfection are inseparable".

"아름다움은 장식적인 효과에서 나오는 것이 아니라 구조적인 일관성에서 나온다. 형식적인 아름다움과 기술적 완벽함은 분리될 수 없다."

- 피에르 루이지 네르비

가볍고 세장한 선의 구조, 강철

콘크리트가 무게감을 보여주는 재료라면 강철steel은 가벼움을 드러내는 재료이다. 콘크리트가 두께감을 만들어낸다면, 강철은 세장함을 대표하는 재료이다.

강철은 일반적으로 사용되는 4가지 구조재료 중 가장 강하며 선적인 형태로 만들어진다. 뼈대를 만드는 프레임구조 방식에 적합하며, 무게 대비 강도가 높기 때문에 지붕구조에도 적합하다. 이처럼 인장력과 압축력 모두 강하기 때문에 공장, 경기장 등 넓은 경간의 공간을 만드는 데 적합하며, 철근콘크리트보다 가볍고 구조부재의 단면적이 작기 때문에 초고층건물에도 적합하다.

더 넓게

상대적으로 가벼우면서도 구조적 성능, 특히 인장력이 높다는 것은 경간을 넓히는 데 적합한 재료라는 의미다. 일반적으로 12m 이상의 경간을 장스팬long span으로 분류한다. 철근콘크리트의 최대가능경간을 12m로 보고, 이 보다 긴 경간에는 강철로 만들어진 보를 사용하는게 유리하다는 것이 통설이다. 넓은 경간의 기둥 없는 내부공간은 공간 구성에서 자유롭다. 또한 기둥의 개수 등 구조로 사용되는 부분이 적어서 비용이 줄어들고 공사 기간도 줄일 수 있다. 공장, 전시장, 경기장 등 넓은 무주공간無柱空間에 철골조가 쓰이는 이유다. 강철로 만들어진 부재는 일반적으로 다양한 크기의 규격화된 H형강(또는 I형강)이 주를 이룬다. 형강section shape steel은 자른 면이 일정한 모양으로 된 압연 강철재인데, 쓰임새에 따라 효율적인 형태로 만들어져 사용이 용이하다. 형강으로 가능한 한계를 넘어서는 경우에는, 허니콤 들보(벌집형 보Castellated beam)처럼 H형강의 웨브web를 절단하여 육각형의 구멍이 열리도록 비켜놓고 용접해서 자중을 늘리지 않고 휨에 더 잘 저항하는 방식을 사용한다. 또 트러스방식의 보trussed beam를 사용할 경우도 경간이 길어질수록 보의 깊이는 깊어져야 하는데, 이 또한 보의 무게를 추가하

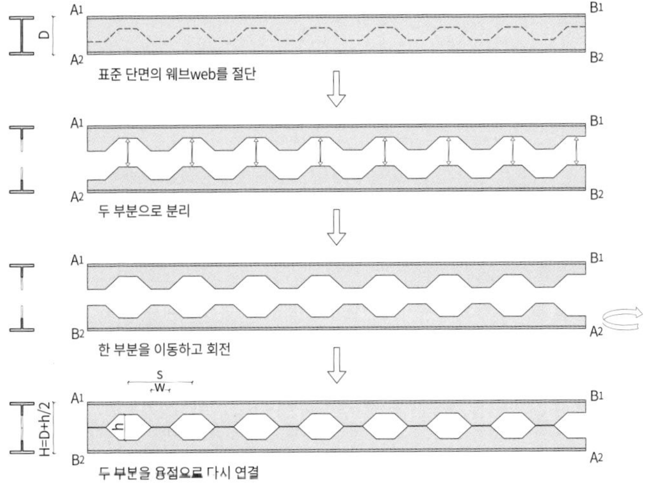

깊이를 추가해 강성과 휨 용량은 향상하면서도 무게를 경량화했다.

허니콤 들보의 제작 공정

지 않으면서 깊이를 높이는 방법이다.

더 높게

강철의 우수성은 특히 초고층빌딩을 짓는 데 중요한 역할을 했다. 선형적인 부재를 연결하여 만드는 철골조steel frame structure는 구조의 경간을 넓히면서 외부에서도 바닥부터 천장까지 전체를 유리로 할 수 있는 '통창'을 가능하게 해준다. 초고층건물은 기둥과 보의 크기가 중요한데, 철근콘크리트 프레임구조와 비교해도 더 가벼우며 작은 단면적으로 더 큰 하중을 견딜 수 있다. 또한 현장조립으로 상대적으로 빠르고 수월하게 고층을 올릴 수 있다. 건축물의 규모 대비 구조의 영역이 훨씬 작아 '경량성lightweight'을 갖게 된다. 이로써 물리적인 가벼움뿐만 아니라 시각적으로도 부담스러운 구조의 모습을 탈피한 외관을 가질 수 있게 되었다.

투명성

건축에서 투명함을 만드는 재료는 유리이다. 인류가 유리라는 재료를 갖게 된 것은 아주 오래전이지만 건축물이 투명해진 것은 비교적 최근이다. 과거 돌과 벽돌을 쌓아 건축할 때는 건축물의 외벽이 힘을 지탱해야 하고, 외벽구조 사이의 공간은 인장력에 약한 재료 때문에 상당히 제한적이었다. 고딕성당은 스테인드글라스를 사용하여 시원적인 빛으로 초월성의 개념을 표현했지만, 창은 좁았으며 건축물은 여전히 강한 두께감과 덩어리의 느낌에서 벗어나기 어려웠다.

이러한 구조적 제약에서 벗어나게 해준 혁신적인 재료가 바로

 구조, 보이지 않는 건축

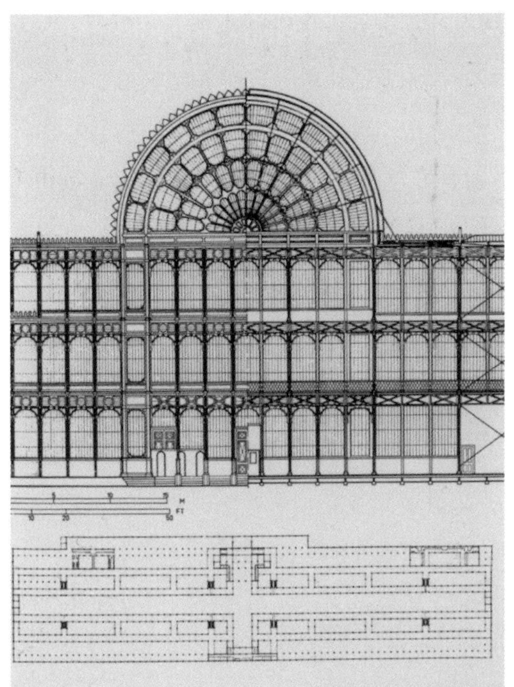

경량성과 투명성을 대표하는 수정궁

강철이다. 현재의 철골부재가 만들어지기 이전에, 1851년 만국박람회를 개최하기 위해 런던의 하이드 파크에 지어진 수정궁The Crystal Palace은 주철cast iron 및 판유리plate glass로 만들어졌다. 영국의 건축가이자 조경가인 조셉 팩스턴Joseph Paxton이 설계한 이 건물은 9만 2,000㎡의 전시공간으로 564m길이에 내부 높이가 39m나 되는 대공간이었다. 1832년 영국에는 찬스 형제Chance Brothers에 의해 판유리sheet glass 공법이 도입되면서 저렴하지만 크고 강한 유리판을 생산할 수 있게 되었다. 이 판유리를 활용한 수정궁은 당시 건축물의 외관에 유리 면적이 가장 크게 차지하는 건축물이 되었다. 유리로만 지을 수 있다면 가장 투명한 건축물이 되겠지만, 유리는 하중을 지지하는 강도가 낮아 현실적으로 불가능하다. 이에 가장 세장한 철로 구조를 세워 유리의 면적을 최대한 확보하는 방식이 등장한 것이다. 수정궁은 내부 인공조명이 필요 없을 만큼 유리로 둘러싸인 벽과 천장으로 건축의 투명성을 드러낸 위대한 철 구조 건축물이다. 이러한 건축의 투명성은 비물질화된 외관과 개방성을 통해 공간을 정직하게 표현하고, 과거 두꺼운 존재감의 실내외 경계를 없앰으로써 공간의 확장성을 드러낼 수 있게 된다. 이러한 투명성은 세장한 철골조를 통해 가능하게 되었다. 또한 대량생산과 모듈화를 통해 건물 전체를 조립하는 데 단 7주가 소요되었고 숙련되지 않은 노동자도 작업이 가능하여 인건비를 줄일 수 있었다. 수정궁은 모듈화 방식을 활용한 첫 번째 대형건축물이다.

디자인의 자유

강철의 또 다른 이점은, 공장에서 부재를 생산하는 '사전제작'이

 구조, 보이지 않는 건축

라 할 수 있다. 공사현장에서는 조립만 이루어지므로 여러 조건에서 자유로울 수 있으며, 운송의 편의성과 더불어 공사를 빠르게 진행할 수 있다는 장점이 있다. 또한 공장에서 기계를 통해 정밀하게 제작되기 때문에 정확도와 품질이 높다.

이러한 부재를 사용하는 철골조는 일반적으로 연속적이고 직각인 프레임구조를 만드는 데 사용된다. 이 구조는 선형의 부재를 이어 만드는 방식을 통해 어떠한 형태의 구현도 가능하다. 물론 비정형 형태의 프레임은 구조체에 가해지는 힘의 흐름과 일치하진 않지만, 가새와 같은 보강을 통해서 형태의 구현과 구조적 안정성을 확보할 수 있다. 또한 최근 기술의 발전에 힘입어 표준화되지 않은 맞춤형을 표준화된 부재처럼 생산할 수 있게 되었다. CAD(Computer Aided Design)를 통해 비정형 형태를 구성하는 각 부재의 설계 및 하중을 계산할 수 있고, CAM(Computer Aided Manufacturing)으로 제작 및 생산할 수 있다. 물론 선형으로 이루어진 철골격자방식이 완벽하게 유기적인 형상을 만들어내진 않지만, 이 방식은 기하학으로 유기적인 형상을 재단하는 가장 효율적인 방식이자, 추가적인 외장재를 통해 완성도를 높이는 것도 가능하다. 선線이 이어져 면面이 되듯, 선만으로 면의 공간을 지지하는 것이 철골조라고 볼 수 있다.

강철은 이처럼 넓은 경간의 대공간과 초고층빌딩을 구현하는 데 가장 대표적인 구조재료이자, 경량성과 투명성을 확보할 수 있는 가볍고 세장한 선의 구조이다. 공간을 '빚어내는' 모놀리스를 선호하는 건축가들도 있지만, 선을 사용하여 건축을 세공filigree하듯 건축을 다루는 건축가도 있다.

슈호프 타워　　　　　Shukhov Tower
블라디미르 슈호프　　Vladimir Shukhov
　　　　　　　　　　1922년 완공
방송탑　　　　　　　BROADCASTING TOWER
러시아 모스크바　　　MOSCOW, RUSSIA

러시아의 에디슨, 블라디미르 슈호프의 '슈호프 타워'

블라디미르 슈호프Vladimir Shukhov(1853~1939)는 19세기 말과 20세기 초에 가볍고 효율적이며 미학적으로도 아름다운 구조물을 만들어낸 인물로, 러시아의 선구적인 기술자이자 건축가이며 발명가이다. 특히 쌍곡면hyperboloid 구조와 격자 쉘 그리고 인장구조를 통한 강철 구조물의 발전에 지대한 영향을 주었다. 18세기 후반 영국에서 시작된 산업혁명이 러시아에선 19세기 후반 본격적으로 전개되었는데, 급속한 산업화와 도시화로 인한 인구증가와 그에 따른 건설 수요를 해결할 수 있는 기술과 건설 방법의 발전을 촉진하였다. 1853년에 태어난 슈호프는 이러한 산업화 과정을 겪으며 효율적일 뿐만 아니라 진화하는 도시 경관에 걸맞은 시민들의 요구를 충족할 수 있는 구조물을 만들어야 한다고 느꼈다. 한편, 슈호프는 러시아 구성주의와 아방가르드를 포함하여 당시의 예술적·건축적 운동의 영향을 받았는데 이러한 움직임은 기능과 추상성, 현대적인 재료의 사용을 강조했다. 구조기술의 경계를 넓히려는 슈호프의 관심은 이러한 예술적 운동에 영향받은 것으로 보인다. 또한 구조 공학의 새로운 가능성을 탐구하려는 개인적인 관심과 효율적이고 미학적으로 만족스러운 구조를 만들고자 하는 창의적 정신과 열망이 그가 다양하고 혁신적인 디자인과 구조 시스템을 실험하게 하였다. 구조에 대한 슈호프의 관심은 그 시대의 산업적·문화적·지적 환경과 더불어 그 시대의 사회적·기술적 요구를 해결하기 위해 구조를 혁신하고 창조하려는 개인적인 의지에서 비롯된 것이다.

슈호프는 그의 선구적인 작업들로 인해 러시아의 에디슨으로 불리기도 한다. 그는 보와 쉘, 그리고 막구조의 응력과 변형에 대한 수학적 계산을 개발한 최초의 기술자 중 한명이었다. 이러한 이론적 바탕을 통해 러시아의 유조선 및 석유 저장소를 설계하였고, 수송관의 직경과 두께 및 유체 속도를 감안한 최적화된 결과를 도출해 송유관 건설에 지대한 영향을 미쳤다. 그가 러시아의 석유 산업에 가져온 혁신도 대단한 것이었지만 그는 공장, 정유소, 발전소 등 수많은 산업시설의 설계 외에도 쌍곡면 구조와 강철 격자 쉘의 창시자로서 강철 구조물의 발전뿐만이 아니라 건축과 구조공학에 놀라운 영감과 유산을 남겼다.

쌍곡면 구조

쌍곡면 구조의 원리는 간단하게 설명하면 이중의 곡선 면으로 구성된 하나의 면을 만드는 방식으로, 이 곡선 면은 직선의 부재를 통해 구현할 수 있다. 곡선 면을 구현하기 위해 부재가 곡선이 되는 대신, 제작과 설치가 훨씬 쉬운 직선 부재를 통해 반대 방향으로 뒤틀린 곡면을 만든다. 쌍곡면 구조를 타워의 형태로 사용하면 같은 높이의 일반적인 건물에 비해 더 적은 구조부재의 물량으로 외부의 하중을 분산할 수 있어 더 높은 안정성을 갖는다. 또한 직선 부재의

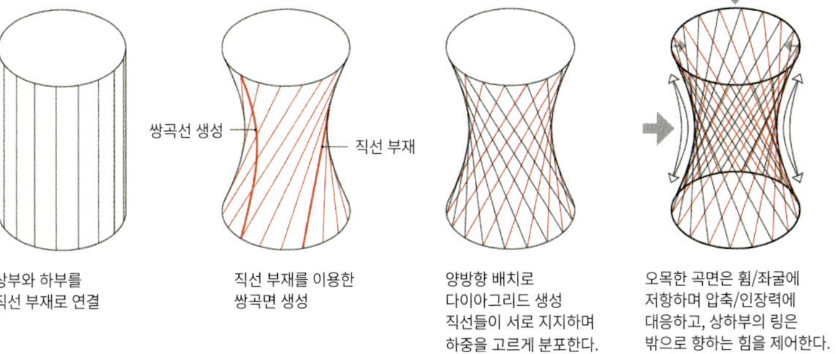

쌍곡면구조와 다이아그리드

생산과 조립이 쉬워서 효율성이 높고 기하학적이면서 얇은 부재들의 반복을 통해 시각적으로도 인상적인 구축물을 만들 수 있다. 단지 경우에 따라서 불필요한 부피가 발생할 수 있기 때문에, 급수탑 또는 냉각탑처럼 건물의 최상부에 필요시설을 올려놓고 지탱하는 용도로 주로 사용한다. 1963년 완공된 높이 108m의 일본 고베항 타워Kobe Port Tower는 이 구조가 적용된 대표적 사례다.

이러한 쌍곡면구조는 동시대에 스페인의 안토니 가우디도 독립적으로 사그라다 파밀리아 대성당의 설계를 위해 실험하고 적용하였으며, 추후 펠릭스 칸델라도 얇은 콘크리트 쉘의 기하학을 만드는데 적극적으로 활용하였다.

슈호프 타워 Shukhov Tower

슈호프는 1896년 니즈니 노브고로드Nizhny Novgorod에서 열린 전 러시아 산업 및 예술 전시회를 위해 세계 최초의 쌍곡선 구조인 37m 강철 다이아그리드 타워를 만들었고 이 쌍곡면 강철 격자 쉘은 유럽에서도 주목받았다. 이 타워는 전시 이후 매각되어 폴리비노 Polibino지역으로 옮겨져 지금까지 보존되어 있다. 그 후 몇 년 동안 슈호프는 다양한 쌍곡면 강철 격자 쉘의 수많은 구조를 개발하여 수백 개의 급수탑, 바다 등대, 군함의 돛대 및 송전선 지지대에 사용하였다.

모스크바의 슈호프 타워는 그의 가장 유명한 쌍곡면 디자인 중 하나로, 아름다움과 구조적 목적을 모두 충족하기 위해 기하학적 형태를 사용한 그의 대표작으로 볼 수 있다. 샤볼로프카 타워 Shabolovka Tower로도 알려진 슈호프 타워는 160m 높이로 1920년에서 1922년 사이에 만들어졌다. 초기 9개 섹션으로 구성된 이 쌍곡면 타워의 높이는 350m로 파리의 에펠탑(330m) 보다 높게 계획되었다. 추정 강철 물량은 2,200톤으로 에펠탑의 무게(7,300톤) 보다 현격히 적었으나 러시아 남북전쟁과 자원 부족으로 인해 2,000톤이 넘는 강철을 조달할 수 없었다. 결국 결정권자였던 레닌은 탑을 150m 높이로 짓고 필요한 강철은 군대의 보급품에서 조달하도록 명령하여, 최종 높이는 148.5m, 무게는 240톤으로 줄어들었다.

6개의 섹션으로 줄어든 이 구조물은 가설용 비계나 타워크레인 없이 무거운 짐을 올리는 윈치winch만으로 독립된 6개의 쌍곡면 구조물을 쌓아올리는 방식으로 설치되었다. 슈호프는 하나의 쌍곡면으로 구성된 타워 대신, 여러 개의 섹션으로 쌓아올려 탑을 형성하는 개념을 실험하였다. 쌍곡면 구조는 가운데 원형 허리가 가장 작고 반면, 위아래 쪽엔 큰 원이 만들어진다. 각각의 섹션을 하나의 쌍곡면 구조로 만들고 조금씩 작아지는 크기로 쌓아올려 허리의 링이 축소되는 현상을 최소화하고 전체적으로 위로 갈수록 가늘어지는

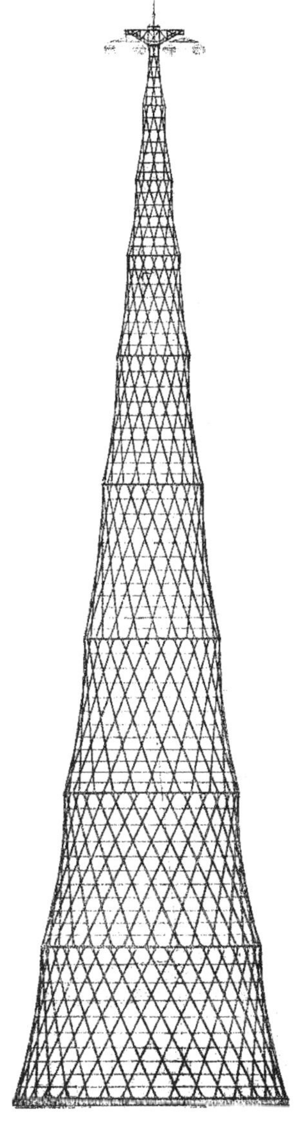

350m로 제안된 슈호프 타워의 입면도(초기안)

슈호프가 찍은 슈호프 타워

원뿔의 형태를 만들어냈다. 직선 부재의 다이아그리드 구조와 원뿔형의 형태를 통해 고층건물에 큰 변수가 되는 풍하중(수평하중)을 최소화하도록 계획되었다.

세계 최초로 다이아그리드 방식의 쌍곡면 타워와 격자 셸을 구현한 슈호프의 업적은, 기술적 원리와 세장한 부재를 통해 기하학이 강조된 구조미학을 새로운 기술과 통합하는 방법론을 창시한 것이다. 이는 재료 사용의 최소화, 건설방식의 간소화에 따른 공사기간의 단축, 공사비의 절감으로 이어져 효율성과 경제성까지 확보하게 된다. 당시의 일화를 소개하면 러시아의 공무원들은 슈호프의 제안을 싫어했는데, 그 이유가 공사비가 지나치게 저렴하여 횡령의 여지가 없어서였다는 것이다. 슈호프의 혁신적인 작업은 전 세계 건축가와 기술자들에게 많은 영감을 주었으며 지금까지도 경량성과 효율성을 갖춘 구조디자인과 건축 사고에 깊은 영향을 주고 있다.

과거에서 미래로 향하는 재료, 목재

목木구조는 글자그대로 나무를 재료로 사용하는 구조이다. 목재는 4가지 구조재료 중 유일하게 자연에서 얻는 천연재료이며, 그렇기에 인류에게 가장 오래된 구조재료이다. 나무의 선적이고 수직적인 형상에 따라 목재는 철골조와 마찬가지로 선적인 형태로 쓰이는데, 뼈대가 되는 기둥과 보를 접합하는 가구식架構式 구조에 주로 사용된다. 이 뼈대에 지붕과 바닥을 올리고 벽을 세워서 건축물로 만든다.

목재는 인장, 압축 및 휨에 견디는 강도를 가지고 있기 때문에 여러 유형의 구조에도 적합하다. 하지만, 목재는 무게 대비 강도가 높지만 절대적인 강도는 철골, 철근콘크리트 등의 다른 구조재에 비해 낮다. 따라서 목재를 이용하여 만들 수 있는 경간과 높이에 한계가 있어 주로 소규모 건축물에 사용된다.

목재는 다른 재료들보다 가벼워서 다루기도 쉽고, 재단하여 사용하기에도 수월하며, 화학적 내구성도 좋은 비교적 저렴한 재료이다. 반면에 표면 처리와 관리를 잘 하지 않으면 썩기 쉽고, 나무 수종에 따라 특성이 다르며 수축과 팽창 현상이 있어 변화에 주의가 필요하다. 무엇보다 채벌(나무나 나무줄기를 잘라내 집재하고, 현장에서 가공하여 차량으로 실어 나르는 일)한 나무를 가공하여 사용할 때는 나무의 크기에 따라 사용할 수 있는 목재의 크기가 정해지므로 제한적일 수밖에 없었다. 목재는 화재에 취약할 것 같지만 앞서 설명한 대로 연소가 느려서 생각보다는 화재에 바로 무너지지는 않는다.

목재가 가진 가장 큰 장점은 역시 친환경 재료라는 점이다. 아울러 습기를 흡수하고 건조가 잘 되므로 실내공간의 쾌적성에 도움을 준다. 건축물의 철거 시 문제가 되는 건축폐기물도 재활용 또는 소각할 수 있어 환경에 미치는 영향이 덜하다. 또한 철골조에서 보았듯이 선형적인 구조방식에서 느껴지는 세장미와 더불어 자연의 모습이 구조에서 그대로 드러나는 아름다운 외관도 디자인 측면에서 큰 장점이 된다.

경량목구조 – 나무로 만든 내력벽집

오래전부터 세계각지의 건축물은 대개 나무로 지어졌다. 산업혁명 전까지는 동서양을 막론하고 쇠못이 비싸고 부족해서 두꺼운 목재에 홈을 파고, 다른 목재에 장부(두 재목을 이을 때 한쪽 재목의 끝을 다른 한쪽의 구멍에 맞추기 위하여 가늘게 만든 부분)를 만들어 서로 끼워 맞추는 방식으로 집을 지었다. 동양에서는 결구방식, 서양에서는 팀버프레임이라 부른다. 우리가 전통건축이라 부르는 한옥과 사찰들이 이 방식으로 지어졌다. 목재가 미국에서 현재까지도 활발히 사용하는 재료가 된 것은, 19세기 초반 미국에 수많은 유럽계 이주민이 몰려와 주택 부족 문제를 겪으면서부터다. 철근콘크리트 공법이 아직 제대로 소개되기 전인 데다, 벽돌이나 시멘트로 쓸 석재와 골재는 귀하다 보니, 집과 건물들을 흔한 소재인 나무로 짓게 되었다. 전통공법에서는 나무를 깎고 다듬는 데에 시간도 많이 걸리고 전문적인 기술도 필요했는데 당시에는 이런 일을 위한 숙련된 목수가 부족하였다. 이에 시카고에 살던 건설업자 조지 워싱턴 스노우George Washington Snow는 어떻게 하면 집을 더 쉽고 간단하게 지을 수 있을지 궁리하던 중, 마침 원형 기계톱이 발명되자 기계화 제재소에서 크고 두꺼운 나무들을 각목의 형태로 가공하여 팔기 시작했다. 나무에 박는 쇠못도 공장에서 대량생산되었는데, 스노우가 이런 기술 발전을 이용하여 발명한 것은 제재소에서 일정한 규격에 맞게 미리 가공된 목재를 쇠못과 철물로 쉽게 연결하여 집을 짓는 방법이었다. 구조도 전통공법인 팀버프레임보다 훨씬 단순하고 시공방법도 비교적 쉬워서 초보자라도 조금만 배우면 시공할 수 있

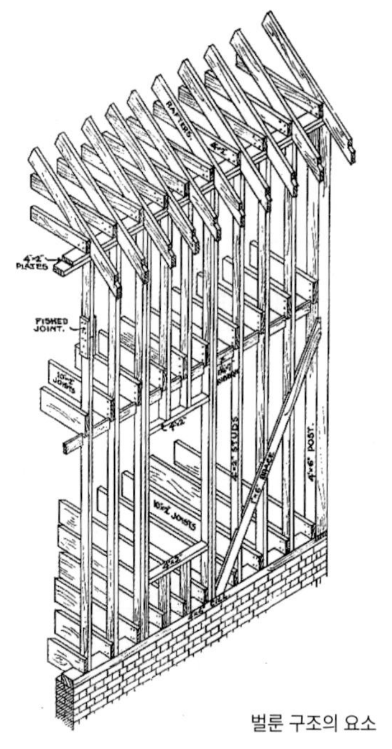

벌룬 구조의 요소

구조, 보이지 않는 건축

었고 공사기간 역시 크게 줄어들었다. 2층 높이의 벽을 먼저 만들고 2층 바닥을 만드는 벌룬Balloon구조를 만든 다음, 1층과 2층을 나누는 플랫폼구조Platform Frame 공법이 개발되어 지금 우리가 부르는 목조주택의 모습이 되었다. 경량목구조는 선적인 각재를 사용하지만 이를 촘촘하게 배치하고 합판을 붙여서 '벽'을 만드는 방식으로 오히려 외형은 철근콘크리트 벽식 구조의 모습과 유사하다.

목재로 더 넓고 높게

나무를 재단하여 사용하는 목구조 방식은 나무의 크기가 제한적이라 일정 크기의 건축물에서만 사용되었다. 이 크기의 제약을 극복하기 위해 발전된 기술이 집성목laminated timber이다. 집성목은 10~30㎜ 두께의 여러 판을 겹쳐 요소수지나 석회수지계의 접착제를 사용하여 맞붙여 압착한 자재이다. 건축 구조재로 쓰이도록 만든 것은 공학목재라 불리는 CLT(cross-laminated timber)와 글루램(Glulam: glue-laminated timber)이 대표적이다. 글루램은 선별된 건조목재를 섬유방향이 서로 평행하도록 적층·접합한 후 고압으로 압착하여 특정 응력에 견딜 수 있도록 제조된 공학목재이다. 이러한 가공과정을 통해 원목 자체의 길이와 크기의 제한에서 벗어나 더 큰 경간과 곡선의 형태 등이 가능해졌으며, 목재의 가장 큰 단점인 수축과 비틀림이 줄어들게 되었다. 무엇보다 향상된 응력으로 인해 구조계산이 가능한 재료가 되었다. CLT도 구조용 공학목재로 일반적인 집성재와 글루램이 나무의 결을 평행하게 쌓아놓고 접착한다면, CLT는 나뭇결을 서로 직각으로 교차cross하여 쌓아 접착하는 방식으로 2방향 강도를 갖게 된다. 이는 철근이 양방향으로 배근된

콘크리트 슬래브와 유사한 구조거동structural behavior을 할 수 있다. 모두 같은 방향으로 향하는 레이어의 접합으로 만들어진 글루램이 기둥, 보 및 트러스와 같은 단방향 요구 사항에 가장 일반적으로 사용되는 반면, CLT는 바닥과 벽 등 2방향 판의 형상에 더 적합하다. 두 가지 모두 유사한 재료로 만들어져 친환경적인 특성을 가지고 있지만, 동일한 방향으로 접합하는 글루램이 곡선 등 다양한 형태를 구현하는 데 더 널리 쓰인다. CLT는 주로 판형으로써 조립이 쉽고 패널방식으로 사전제작도 할 수 있어 공사기간을 단축시키며 모듈화하여 사용하기에 용이하다는 장점이 있다.

이러한 구조용 공학목재는 일반 건축자재보다 적은 양을 사용하고도 같거나 뛰어난 구조적 성능을 내며, 온도나 습도의 변화에도 내구성이 좋다. 또한 접합성도 매우 우수하여, 휘거나, 굴절되거나, 뒤틀리는 형상의 변화 및 충격에 의한 손상에도 매우 강하다. 공학목재는 천연목재로 만들어지므로 자체적으로 일정한 단열 성능을 가지고 있다.

최근 들어 우리나라에서 중목구조重木構造로 집을 짓는 사례가 늘고 있다. 중목구조는 무거운 목재를 사용하는 구조라는 뜻으로 일본에서 주로 사용한 방식으로 한옥과 같이 기둥과 보로 건축을 한다. 과거와 달리 공학목재로 구조를 만들기에 길이나 두께의 제한을 많이 받지 않으며, 벽으로 만들어지는 경량목구조에 비해 유연한 공간 구성이 가능하다. 무엇보다 경량목구조는 목재를 현장에 반입하여 설계도면에 맞게 나무를 재단하여 목수가 시공하는 방식인데, 중목구조는 현장가공이 아닌 사전재단(프리컷pre-cut)을 통해 현장에서 조립하는 방식이다. 이로써 시공품질이 향상되고, 공기가 단축되며, 재료의 낭비가 없고, 무엇보다 프레임구조에 가새를 더하는 방식으로 내진 성능이 월등히 높아진다. 이는 철골조와 매우 유사한 특성들이다. 비용이 높고, 사전재단을 해야해서 공사 중 변경이 어려운 단점이 있지만, 최근 높아진 노동 비용과 내진설계 조건으로 많은 관심을 받고 있으며, 공간적 유연성과 친환경 재료의 강점으로 더 많은 집들이 중목구조로 지어질 것이라 예상한다.

공학목재의 발전은 경량목구조와 중목구조를 넘어서 매스팀버 Mass timber(대형 목재 건축)로 진화하고 있다. 얇은 판재를 여러 겹으로 접합하여 적층한 목재로, 밀도와 강도가 강철이나 콘크리트에 버금가는 물리적 성능을 갖는다. 대형건축물에 주로 사용되는 이 방식은 패널, 기둥, 보로 구성된다. 특히 패널도 조립식으로 설치되며 철근콘크리트나 철골조보다 가볍고 높은 수준의 내화성을 자랑한다. 매스팀버는 적은 폐기물과 높은 에너지 효율, 그리고 낮은 탄소 발생량과 재생이 가능한 환경 친화적 재료이다. 또한 사전제작을 통해 공사기간을 단축하면서도 높은 강도를 확보할 수 있다. 북미와 북유럽에서는 이미 매스팀버로 된 고층건물을 짓고 있으며 더 나아가 제작과 변형이 쉬워 자유로운 형태의 건물들을 만들어나가고 있다. 목구조가 작은 주택에만 사용되던 시대는 지난 것이다. 지속가능성을 위한 친환경 건축이 세계적으로 대두되면서 목재는 이처럼 다시 각광받고 있다. 목재는 노출된 모습도 아름답고 나무 특유의 물성으로 따뜻한 심리적 안정감도 가져다준다. 탄소 발생량이 적고 재생이 가능해 머지않은 미래에 1순위로 고려하게 될 재료이다.

풍피두 메츠 센터   Centre Pompidou-Metz
반 시게루   Shigeru Ban Architects
                   2010년 완공
미술관   MUSEUM
프랑스 메츠   METZ, FRANCE

목재로 엮은 지붕을 가진 반 시게루의 '퐁피두 메츠 센터'

일본의 건축가 반 시게루Shigeru Ban(1957~)는 종이를 사용하여 건축물을 짓는 혁신적인 작업으로 널리 알려졌는데 특히 재난 피해자와 난민들을 위한 임시주거를 제안하여 주목받았다. 2014년에는 이러한 혁신성과 인도주의적 노력을 높이 평가받아 프리츠커 건축상을 수상하였다.

도쿄에서 태어나고 자란 반 시게루는 미국에서 건축 공부를 시작하였으며 1984년 뉴욕의 큐퍼 유니언Cooper Union을 졸업한 후, 27세였던 1985년 도쿄에 본인의 사무실을 개업했다. 큐퍼 유니언 재학 시 교수였던 존 헤이덕John Hejduk의 기하학적 요소와 구조에 대한 연구에 영향을 받은 것으로 알려졌다. 그의 '종이건축'은 2000년대에 이르러서야 지속가능성을 고려한 친환경 건축과 맞물려 세계적인 주목을 받았지만, 1986년 뉴욕현대미술관의 주최로 일본에서 열린 알바 알토 전시회의 디자인을 맡으면서 독창성만큼은 먼저 인정받았다. 당초 목재로 설계하는 것을 계획했으나 예산의 한계와 전시회의 임시적인 특성으로 인해 재활용 종이튜브paper tube를 사용하였고, 여기서부터 '종이건축'에 대한 본격적인 탐구가 시작되었다.

낮은 자세로 행동하는 건축가

반 시게루는 1994년 르완다 내전과 1995년 고베지진을 계기로, 세계의 여러 재난 현장에 종이튜브를 활용하여 임시주거, 성당, 학교 등을 만들었으며 대부분 짧게는 하루, 길게는 한 달씩 현장작업에 직접 참여하였다. 그는 건축가가 사회에 도움이 되기보다 특권계층의 사람들을 위해 멋진 건축만 한다는 사실에 회의감을 가졌다. 또한 지진과 같은 경우, 실제로 지진 자체에 의한 희생자보다 건물이 무너져서 더 많은 희생자가 발생하는 것에 건축가로서 책임감을 느꼈다. 종이튜브는 재난지역에서 조달하기 쉽지 않은 일반적인 건축 재료들에 비해 가볍고 저렴하며, 쉽게 구할 수 있고 세계 어디에서나 사용할 수 있다는 장점이 있다. 종이를 건축 재료로 연구하는 과정이 쉽지 않았지만 그는 종이의 구조적 완전성이 예상보다 훨씬 더 우수하다는 사실을 발견했다. 종이튜브는 그 어떤 자재보다 빠르게 지을 수 있고, 무엇보다 철거할 때 쓰레기를 남기지 않고 재활용이 가능한 환경 친화적인 건축 재료이기도 하다.

이러한 종이건축이 '멋진' 건축이 되긴 어려울 수도 있지만, 사랑받는 건축이 되는 건 당연한 일이다. 2011년 뉴질랜드에서 일어난 지진으로 도시의 대표 건축물인 크라이스트처치가 큰 피해를 입었을 당시 반 시게루는 현지에서 종이튜브를 조달해 700명의 인원이 함께 예배를 볼 수 있는 '종이 성당'을 지었다. 삼각형 지붕의 종이튜브 건물을 보강하기 위해 목재, 강철, 콘크리트를 함께 사용했다. 2013년 완공된 이 건물은 원래 3년 후 철거 예정이었지만 사람들이 몰려드는 지역 명소가 되면서 지어진 지 10년이 넘은 지금까지 자리를 지키며 사랑받고 있다.

재료와 지붕

재난 지원을 위해 행동하는 건축가로 유명하지만, 반 시게루가 재난 관련 건축만 한 것은 아니다. 목재를 사용한 프랑스 파리 퐁피두센터의 분관인 '퐁피두 메츠 센터(2010)', 미국 콜로라도 주 '아스펜 아트뮤지엄(2014)', 한국 여주의 '해슬리 나인브릿지(2010)' 등이 그의 작품이다. 무엇보다 그의 건축을 관통하는 철학은 재료이다. 건축은 짓는 것보다 철거할 때가 더 중요하다고 이야기할 만큼 적합한 재료의 선택에 대해 많은 연구를 해왔다. 예산의 문제를 넘어서 가장 적은 비용으로 자유자재로 변형 가능한 건축자재를 탐구하려는 태도는, 단지 친환경 재료를 다루는 문제보다 더 포괄적인 접근을 요한다. 지속가능성이 화두가 되기 이전인 80년대 후반부터 반 시게루는 재료에 대한 탐구를 통해, 그가 설계한 대부분의 건축물에 목재와 종이튜브를 주로 사용해왔다. "나는 낭비를 싫어한다."라는 그의 말처럼 이 두 재료를 통해 폐기물이 거의 발생하지 않는 건축물을 정말 필요한 곳에 짓고 있는 행동파 건축가인 것이다. 또한 그는 건축의 기본은 지붕에 있다고 말한다. 다른 건축적 요소는 기후나 장소, 상황에 따라 달라질 수 있지만 지붕은 건축이 존재하는 데 가장 핵심적인 요소라고 보고 다양한 방식의 지붕을 개발해 왔다. 또한 구조를 숨기지 않고 드러내는 것이 그 건물이 처한 상황을 진실되게 드러낸다고 봤다.

하노버 엑스포 2000 일본관

반 시게루는 격자 쉘의 전문가인 프라이 오토Frei Otto와 구조회사 뷰로 하폴드Buro Happold와의 협업으로 2000년 독일 하노버에서 열린 엑스포의 일본관을 설계하였다. 3,000m²에 달하는 면적과 15m 높이의 기둥 없는 격자 쉘 구조인 일본관은 지금까지 종이로 만들어진 구조물 중 가장 큰 규모이다. 종이를 주요 건축자재로 선택한 것은 전시 주제인 혁신, 지속가능성, 전통을 결합한 '인간, 자연, 기술: 새로운 세계의 기원'의 의미와 맞닿아 있다. 엑스포 기간만 사용하는 임시구조물임을 고려하여 이후에도 폐기물 발생없이 재활용할 수 있도록 제안하였다. 종이튜브 이외에도 기초를 시멘트 대신에 모래를 채운 강철로 만들어 이 또한 재활용할 수 있게 했다. 이를 위해 첨단기술high-tech보다 로우테크low-tech방식을 사용하였는데, 1975년 프라이 오토가 목재로 구현한 독일 만하임의 멀티홀Multihalle의 방식을 빌려 12cm의 종이튜브 440개로 만들어진 격자구조를 위로 밀어 올려 쉘의 구조를 형성하는 방식을 적용하였다. 이 종이튜브의 격자 쉘 만으로도 안정성을 확보할 수 있었지만 독일의 엄격한 건축법 기준에 따라 나무아치구조로 보강하였다. 쉘을 덮은 하얀 천으로 확산된 자연광이 내부로 유입되며 종이튜브의 구조가 드러난다. 이는 재료와 지붕에 대한 그의 철학을 잘 나타낸다.

퐁피두 메츠 센터 Centre Pompidou-Metz

퐁피두 메츠 센터는 재료와 지붕에 대한 그의 철학이 극명하게 나타난 프로젝트이다. 반 시게루는 종이튜브 이외에도 건축 디자인에 목재를 혁신적으로 사용한 것으로 유명하다. 그는 목재를 전통적

인 방식으로 사용하기보다는 독특한 구조물을 만들기 위한 가능성
을 중심으로 탐구하였다. 그가 설계한 파리 퐁피두 센터의 분관인
퐁피두 메츠 센터는 다양한 갤러리 공간의 필요성에 따라 세 개의
직사각형 튜브를 엇갈려 쌓고 이를 거대한 지붕으로 덮는 것으로 계
획되었다. 육각형 형태의 목재 지붕은 분리된 공간을 전체로 통합하
며 모든 공간 위에 떠 있다. 지붕의 육각형은 프랑스 지도의 모양으
로 프랑스를 상징하며 지붕을 덮은 반투명 천막을 통해 낮에는 자연
광을 내부로 끌어들이고 밤에는 내부의 인공조명으로 건축물 전체
를 외부로 발산한다. 무엇보다 이 미술관의 가장 큰 특징인 지붕의
구조는 아시아의 전통적인 대나무 모자와 바구니에서 영감을 받아

지붕 아래 외부로 확장되는 공간, 퐁피두 메츠 센터

짠 것이다.

마치 모자처럼 생긴 이 지붕은 육각형과 정삼각형의 패턴으로 구성되어 있다. 평면 내 강성을 만들기 위해선 삼각형의 패턴으로 구성하는 것이 유리하지만 전체 표면을 삼각형으로 나누면 하나의 교차점에 6개의 목재 요소가 모여 접합부가 매우 복잡해진다. 또한 접합부의 모양이 모두 달라져서 복잡성이 증가하고 비용이 증가한다. 따라서 그는 육각형과 삼각형의 패턴을 구성하여 네 개의 목재 요소만이 교차하도록 했으며 대신 각 부재는 대나무 고리버들처럼 서로 겹쳐 엮어지도록 하였다. 또한 프라이 오토의 목재 격자 쉘의 사례를 참고하여 쉽게 구부릴 수 있는 목재(글루램)를 이용해 지붕을 바로 위에 올려놓을 수 있는 격자 구조를 만들어 냈다. 이는 프라이 오토가 만하임의 멀티홀에 적용한 쉘구조보다 자유로운 형태로 인장재와 압축재로 모두 사용될 수 있는 목재의 장점을 이용해, 한 번에 밀어 올리는 공법 대신 공장에서 구부린 목재 모듈들을 조립하는 방식을 적용했다.

퐁피두 메츠 센터에서 주목할 만한 또 다른 측면은, 내부공간에서 외부공간으로의 연속성과 이러한 관계에서 파생되는 공간의 순서이다. 건물은 내부와 외부가 벽으로 분리되는 것이 일반적이지만 반 시게루의 '지붕만 있으면 공간을 만들 수 있다.'라는 철학은 미술관이 상자로 닫혀 있지 않고 주변 공원이 큰 지붕 아래의 공간으로 유입되어 연속되도록 만들었다. 이는 최근의 문화공간이 작품을 감상하는 제한된 공간에서 벗어나 주변과 적극적으로 연계해 쉽게 드나들 수 있는 '실내화된 광장'으로 확장하는 추세를 반영한다. 방문객은 유료 전시를 관람하지 않더라도 넓은 지붕 아래의 미술관을 출

　　구조, 보이지 않는 건축

입할 수 있으며, 외부로부터 전시장까지 공간의 연속성을 경험할 수
도 있다.

반 시게루는 이처럼 너무 친숙해서 아무도 거들떠보지 않았던
재료, 종이와 목재의 가능성을 탐구하여 누구도 흉내 낼 수 없는 건
축을 창조하였다.

신기술과 접목해 재조명된 조적

노동집약적인 조적

조적組積은 어떤 구조물을 만들기 위해 돌이나 벽돌 따위를 쌓는 일을 말한다. 서양에선 전통적으로 석공mason에 의한 돌 쌓기 또는 그 결과물을 조적masonry이라 불렀다. 석공이 다듬은 돌을 쌓아 만든 것을 시작으로, 현대에 와서는 벽돌 또는 블록도 조적 재료에 포함된다. 돌은 무겁지만 자연에서 바로 얻을 수 있으며 작은 크기로 만들 수 있고, 벽돌은 사람이 한 손으로 쥘 수 있는 크기로 제작과 운반이 편리하다. 초창기의 벽돌은 진흙을 햇빛에 잘 말려 건조하여 강도를 얻었다면 가마가 발명된 후부터는 날씨와 상관없이 구워냄으로써 대량생산이 가능해졌다.

조적식 구조는 석조로 만들어진 이집트의 피라미드를 필두로 역사적으로 가장 많이 사용되었는데 동서양을 막론하고 고대에는 조적조를 사용하여 건축물을 짓는 경우가 많았다. 바빌론에서는 벽돌로 궁전을 건립하였고, 그리스, 로마 등의 여러 건축물도 벽돌을 사용하였다. 메소포타미아 문명의 대부분 건축물도 벽돌로 지어졌으며 중국의 만리장성과 마야문명, 잉카문명 등 수 많은 고대의 건물들이 돌을 사용한 조적조로 만들어졌다. 벽돌은 특히 모든 장소에서 낮은 가격으로 쉽게 구하거나 만들 수 있는 재료이면서 손으로 다룰 수 있는 크기에 모르타르로 접착하여 쌓는 '낮은 기술Low-tech'로 쌓을 수 있었기 때문이다. 또한 지금까지 많은 고대유적이 남아 있는 것을 보면 알 수 있듯 내구성과 내화성이 뛰어나고 단열과 방음 성능도 가지고 있다.

조적조는 기본적으로 내구성이 뛰어난 구조방식이지만 사용된 재료, 모르타르의 품질 및 시공 기술, 쌓는 방식에 따라 내구성이 달라진다. 모르타르는 양생기간이 필요하여 한 번에 쌓을 수 있는 높이나 면적에 제약이 있고 쌓는 동안에 조적공의 작업공간 및 발판 등의 가시설도 필요하다. 무엇보다 조적조의 가장 큰 문제이자 단점은, 압축력에는 강하여 기둥이나 벽처럼 수직하중을 담당하는 구조 부재로는 사용할 수 있지만 인장력에는 매우 취약하다는 것이다. 따라서 보나 슬래브와 같이 휨이 발생하는 구조 부분에는 사용이 매우 제한적이다. 이는 공간의 크기를 결정하는 '경간'에 가장 큰 영향을 미치게 된다.

You say to brick, "What do you want, brick?" Brick says to you, "I like an arch." if you say to brick, "arches are expensive and I can use a concrete lintel over an opening. What do you think of that, brick?" Brick says: "I like an arch."
- Louis Kahn

벽돌에게 묻는다. "벽돌아, 네가 원하는 게 뭐니?" 벽돌이 답한다. "난 아치가 좋아."
이번에는 이렇게 묻는다. "아치는 비싸니 개구부 위에 콘크리트 인방을 쓸 수 있어.
그건 어떻게 생각하니?" 벽돌이 답한다. "난 아치가 좋아."
- 루이스 칸

이 유명한 대화의 주인공인 미국의 위대한 교육자이자 건축가인 루이스 칸Louis Kahn은 기념비적이고 무게감 있는 건축물을 디자인하면서, 무게, 재료, 그리고 구축방식을 숨기지 않고 드러냈다. 그는 학생들이 재료의 한계를 이해하고 재료가 가진 잠재력을 활용하기를 원했다. 조적은 재료의 무게와 구축의 방식을 그대로 보여주는 공법이다.

조적 아치와 돔

아치는 이러한 조적의 경간을 해결하는 방법으로 기원전 2000년경 메소포타미아 지역의 벽돌 건축에 처음 등장한 것으로 알려져 있으며, 고대 로마시대에 체계적으로 사용되기 시작했다. 아치는 벽돌이나 석재로 된 조적조에서 개구부의 상단을 단일한 수평부재로 처리할 수 없기 때문에 곡선형으로 쌓아 개구부 상단을 만든 구조이며 양쪽의 기둥이나 벽으로 지지되는 방식이다. 아치는 상부의 수직하중이 각 벽돌이나 석재의 접촉면에 따라 아래쪽으로 전달되기 때문에 압축력만 발생하며, 인장력은 발생하지 않으므로 구축할 수 있다. 따라서 압축력이 뛰어나고 인장력이 취약한 조적식 구조에 이상적인 방식이며 이론적으로는 이 곡선(반원형)만 완벽하게 만들 수 있으면 지름을 얼마든지 늘릴 수 있고 그에 따라 공간의 경간도 늘어날 수 있다.

그러나 아치는 수직하중에 해당하는 압축력엔 강하지만 완벽한 형태저항구조가 아니기 때문에 추력推力에 약하다. 추력은 물체를 그 운동 방향으로 미는 힘인데, 아치에 가해진 힘이 지면으로 전달되면서 바깥쪽으로 밀어내는 힘이 발생하고 아치의 높이가 낮아

　구조, 보이지 않는 건축

곡률이 완만해질수록 외부로의 추력은 증가하게 된다. 이 추력을 지탱하기 위해 버팀벽buttress 또는 측벽abutment이 필요하며, 아치를 가진 모든 조적 건축물에서 이들을 볼 수 있다. 이러한 버팀벽은 건축물의 횡력(수평하중)에 대응하는 역할도 하게 된다. 여기서 더 나아가 플라잉 버트레스Flying buttress(버팀도리라 번역. 건물이 무너지지 않도록 외벽에 덧댄 구조물로, 벽체와 완전히 분리된 아치 모양의 팔로 외벽의 압력을 지탱하는 형태이다)는 고딕 양식의 교회 건축에서 주로 보이는 형태이다. 전통적인 버팀벽처럼 벽과 붙어있지 않고 벽과 버팀벽 사이의 중간 공간을 가로질러 힘이 전달되므로, 이를 통해 좀 더 개방적인 외부공간을 만들면서 수직성을 표현할 수 있게 되었다.

돔dome은 이러한 아치를 360도 회전했을 때, 만들어지는 구조다. 조적조를 사용한 고대부터 대공간의 구현과 상징성을 위해서는 거대한 돔 구조에 도전했다. 가장 혁신적이자 상징적인 사례는 1436년에 완공된 '피렌체대성당FirenzeCattedrale di Santa Maria

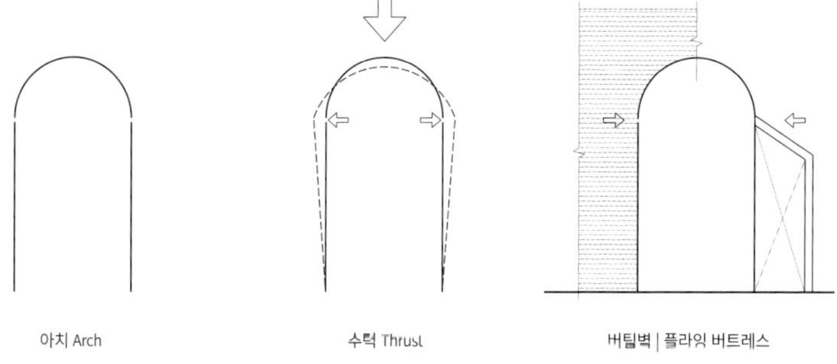

아치, 추력, 버트레스와 플라잉 버트레스

del Fiore'이다. 돔은 아치와 마찬가지로 조적조의 한계와 추력의 문제가 있다. 조적을 쌓는 동안은 지지할 수 있는 임시구조물, 즉 비계가 필요한데, 고대에는 이를 만드는 것 자체가 쉽지 않은 일이었다. 또한 아치구조와 마찬가지로 돔 하부에서 외부쪽로 발생하는 추력은 돔의 경간이 더 넓어질수록 더 커지는 어려움이 있었다. 피렌체대성당이 피렌체를 넘어 르네상스의 상징으로 불리며 위대한 작품으로 평가받는 이유는 건축가 필리포 브루넬레스키Filippo Brunelleschi(1377~1446)의 구조적 혁신성에 있다.

부벽buttress을 건축의 미학을 저해하는 요소로 인식하고 싶어 했던 것으로 알려진 브루넬레스키가 45.5m 지름의 돔을 구현하기 위해 택한 접근 방식은 돔 구조물 사이에 공간을 둔 이중 쉘을 사용하여 비계 없이 돔 공간을 구축하는 혁신적인 방법이었다. 반원이 아닌 첨두 형태의 돔을 조금씩 쌓아 올린 것으로, 안쪽과 바깥쪽의 이중 벽돌 돔을 각각 구축하고 그 사이를 뼈대rib로 연결함으로써 속을 비우고 하중을 줄이는 방법을 고안했다. 이 뼈대에는 플랫폼을 지지하는 보를 잡을 수 있는 틈이 있어 발판 없이도 위쪽으로 작업을 진행할 수 있도록 하였다. 두께가 2m 이상인 내부 쉘은 가벼운 벽돌을 수직·수평으로 교차하여 쌓는 헤링본 패턴으로 그 자체 지지 구조이자 더 무거운 외부 돔이 바람에 강한 덮개 역할을 하도록 하였다. 또한 그는 400만 개가 넘는 벽돌을 포함하여 3만 7,000톤의 자재를 들어올리기 위해 큰 돌을 들어 올리는 호이스팅 기계와 양중기를 발명했다. 브루넬레스키의 돔은 이러한 혁신을 통해 비계 없이 건축된 역사상 최초의 8각형 돔이자, 근대에 새로운 구조재료가 개발되기 전까지 세계에서 가장 큰 돔 구조물이었으며, 지금까지 벽돌

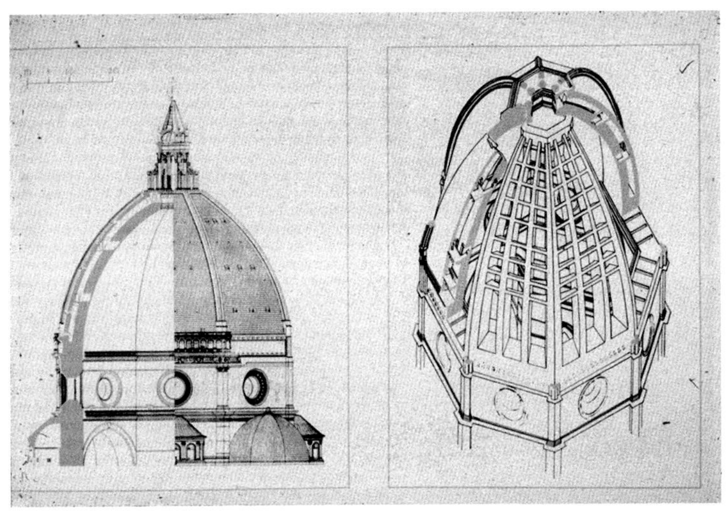

피렌체 대성당의 이중 쉘구조

을 사용한 조적구조 중 최대의 돔으로 남아 르네상스 시대의 가장 인상적인 프로젝트가 되었다.

기하학적 곡면으로 발전한 조적

벽돌을 활용한 조적방식은 지속적으로 발전하였는데 가장 주목할 만한 부분은, 곡면으로 조적구조의 건축물을 구현한 방식이다. 아치의 곡선에서 시작된 조적의 구조화는 이후 형태저항구조라 할 수 있는 현수 아치를 통해 추력의 발생을 최소화하며 다양한 곡선형태의 지붕구조를 만들어 내었다. 곡선을 따라 움직이는 직선들의 궤적으로 정의되는 선직면Ruled surface(2개의 분리된 곡선에 대응하는 점을 연결하는 직선으로 구성되는 곡면)의 기하학이 등장하면서 볼트 형식의 지붕구조도 가능해졌다. 우루과이의 건축가이자 구조 기술자인 엘라디오 디에스테Eladio Dieste는 기둥이 없는 넓은 지붕

구조를 위해 축 방향으로 압축력을 발생시키는 방법을 개발하여 벽돌을 사용하였다. 이는 가우시안 볼트Gaussian vaults로 알려진 구조로, 현수선catenary(사슬이나 케이블의 양 끝을 고정했을 때 그 무게로 인해 드리운 곡선)을 기반으로 한 이중곡선 형상의 기하학을 활용한 것이다. 전통적인 석조의 볼트구조와 달리 얇은 벽돌 두께로 가능하며, 볼트의 곡면이 가진 기하학적 특성을 활용하여 좌굴을 방지하고 구조의 안정성을 확보한다. 이러한 기하학을 도입해 과거 반원과 같은 일차원에서 벗어나 좀 더 자유로운 곡선을 표현할 수 있게 되었지만, 이 역시 인장력에 약하고 압축력에 강한 조적구조이기 때문에 대칭과 균형이 완벽한 기하학에 의존한다.

매력적인 외관과 장식효과

이러한 벽돌 구조는 현대의 철근콘크리트와 강철의 등장으로 인해 건축물의 높이와 경간을 확장하고 외벽을 걷어낸 프레임구조로 대체되었다. 벽돌은 과거의 정서와 지역의 특색을 살리는 치장ornament의 역할이나 주로 비내력벽인 칸막이벽에 사용되는 경우가 많아졌다. 건축물의 구조 대신 외관을 치장하는 역할에 건축가들은 왜 벽돌을 사용할까? 아마도 루이스 칸의 이야기처럼 무게감을 가장 잘 표현할 수 있기 때문일 것이다. 패널과 같이 넓은 면의 외장 재료를 '붙이는' 방식이 아닌 벽돌 한 장 한 장을 '쌓아서' 만들어내는 수공예적인 모습과 무게감, 그리고 벽돌이 쌓여 만들어내는 패턴과 질감은 다른 재료에서 볼 수 없는 것이다. 또한 어떤 벽돌을 사용하는가에 따라 다양한 색상과 질감을 자유롭게 표현할 수 있으니, 현대건축의 금속성과 밋밋함에 수공예적인 인간의 손길로 치장하는 역할을 하고 있다.

하이테크high-tech로 다시 주목받는 조적

철근콘크리트와 강철이 거의 모든 건축물의 구조에 사용되면서 조적은 '구조'재료로써 잊혀졌으나 21세기에 들어오며 급속히 발전하는 기술을 통해 다시 주목받고 있다. 수직으로 쌓는 방식에서 발전된 곡선화된 조적이 대칭과 균형에 맞는 정형적인 기하학에 의존했다면, 이제 CAD와 같은 소프트웨어의 발달로 비정형적인 형상의 기하학에 대한 해석과 구조분석이 가능하게 되면서 조적에도 혁신이 일어났다. CAM(컴퓨터 지원 제조)의 발전은 또한 규격화된 크기와 형상의 벽돌이 아닌, 구조분석에 따라 필요한 그 어떤 형상도 컴퓨터 정보를 입력하면 제작할 수 있게 되었다. 이를 '컴퓨터 설계

아마딜로 볼트Armadillo Vault, 이탈리아 베니스, 2016 - 블록 리서치 그룹Block Research Group

및 디지털 제작Computational Design and Digital Fabrication'이라 부른다.

사람이 한 장 한 장 쌓아 올려야 하는 조적조의 특성상, 숙련된 기술을 가진 조적공이 필수적인데, 이러한 노동집약적인 부분도 로봇공학robotics의 발전으로 점점 하이테크로 변모하고 있다. 로봇팔robot-arm은 사람보다 훨씬 더 정밀하고 빠르게 벽돌을 쌓을 수 있다. 조적으로 만들어진 아름다운 곡선의 비정형 구조물은 재료의 물성과 무게, 공법을 보여주면서도 과거의 두껍고 육중한 존재감 대신, 경쾌한 구조역학의 논리를 보여준다. 조적은 하이테크 쌓기 방식을 통해 주목받고 더 발전할 것이다. 우리가 벽돌로 만들어진 건축물에 대한 로망을 계속 갖고 있다면 그렇다.

피렌체 대성당의 돔

크리스토 오브레로 교회   Cristo Obrero Church
엘라디오 디에스테   Eladio Dieste
1960년 완공
교회   CHURCH
우루과이 아틀란티다   ATLANTIDA, URUGUAY

조적을 예술로 승화시킨 엘라디오 디에스테의
'크리스토 오브레로 교회'

엘라디오 디에스테Eladio Dieste(1917~2000)는 우리에게는 잘 알려져 있지 않지만, 재료와 구조의 본질을 탐구하며, 특히 벽돌 구조에 대한 혁신적인 건축물로 유명한 우루과이의 구조기술가이자 건축가이다. 그는 경력 전반에 걸쳐 혁신적인 재료 사용, 구조적 효율성, 미학과 지속 가능성이 조화를 이루는 작품으로 전 세계 건축가, 기술자, 디자이너들에게 많은 영감을 주었다. 그의 작품들은 건축의 아름다움과 구조의 효율성이 일체화되어 있으며, 단순한 재료의 잠재성을 보여준다.

엔지니어를 넘어선 구조 예술가

엘라디오 디에스테는 경력 초반에 엔지니어로 일하면서 기술 및 구조 분야에 대한 지식을 쌓았다. 이때의 경험을 토대로 건축가 및 여러 전문가의 협업하면서 프로젝트의 문제점을 해결하는 전문성과 기술력을 얻게 되었다. 그의 학업은 기술과 공학에 기반을 두고 있었지만, 예술가이자 작가인 가족과 지인들의 영향으로 예술적인 측면에도 관심을 두었고 이러한 관심은 구조 설계의 공학적 측면을 넘어 예술과 건축으로 확장되었다.

그의 디자인은 수학적 정확성과 재료에 대한 이해를 결합하여 시각적으로 인상적일 뿐만 아니라 구조적으로도 안정성을 확보하는 데까지 나아간다. 그는 폐기물을 최소화하고 효율성을 높이는 방식으로 재료, 특히 벽돌의 고유한 강도를 활용하는 데 중점을 두었다. 건축에 대한 접근 방식도 사회적 책임과 지속 가능성에 대한 철학에 바탕을 두고 있다. 그는 시각적으로 매력적일 뿐만 아니라 효율적이며 경제적인, 환경을 고려한 구조물 설계의 중요성을 강조했는데 이는 디자인의 구조방식만이 아니라, 경제적·사회적인 실행 가능성에 대한 폭넓은 사유에 기반을 두고 있다. 더 나아가 구조 설계의 공학과 예술이 어떻게 자국민에게 도움이 될 수 있는지에 대한 물음에 다가가려 했다.

"The resistant virtues of the structure that we make depend on their form; it is through their form that they are stable and not because of an awkward accumulation of materials. There is nothing more noble and elegant from an intellectual viewpoint than this; resistance through form."
- Eladio Dieste, The Engineer's Contribution to Contemporary Architecture, p21

"우리가 만드는 구조물의 저항력은 그 형태에 달려 있다. 구조물의 안정성은 그 형태에서 비롯되는 것으로, 어설픈 재료 쌓기에서 나오는 것이 아니다. 합리적인 관점에서 볼 때, '형태를 통한 저항'보다 더 고귀하고 우아한 것은 없다."
- 엘라디오 디에스테, 『현대 건축에 대한 엔지니어의 기여』, p.21

     구조, 보이지 않는 건축

구조적 발명

엘라디오 디에스테는 산업혁명 이후 급증한 철과 철근콘크리트가 아닌 벽돌, 세라믹 타일 등과 같이 현지에서 쉽게 구하고 만들 수 있는 재료를 사용하면서도 현대적인 형태와 공간을 만들어냈다. 압축력만 좋은 벽돌 같은 재료로 구조를 만들 때는 쌓아서 만드는 조적방식을 쓰는데, 이는 경간이 제한적이며 아래로 갈수록 두꺼워진다는 문제가 있다. 그러나 엘라디오 디에스테는 압축력만 받으면서도 더 얇고 더 넓은 경간을 만들 수 있는 이중곡선double curved을 사용하였다. 벽돌 한 장 두께 정도의 얇은 껍질 같은 지붕을 만들기 위해 공예의 감각과 기술이 융합되어 예술의 경지에 이른 현대적 공간을 만들어냈다. 이처럼 기술과 구조, 재료와 건축을 아우르는 엘라디오 디에스테의 종합적 능력은 '강화 세라믹 공법Reinforced Ceramic Construction'이라는 새로운 건축 기술의 개발로 이어졌다. 이 기술은 벽돌, 철, 모르타르를 핵심 재료로 얇은 껍질을 만들기 위한 거푸집을 만들고, 보강재와 조적을 결합하여 조적조의 단점인 인장 강도를 보완하여 얇지만 견고하고 수려한 곡선의 공간을 가능하게 했다. 전통적인 로우테크low-tech의 재료가 현대의 수학적 정확성과 기술로 새로운 구조 해법을 제시하며 건축에 또 다른 가능성을 열어준 것이다.

크리스토 오브레로 교회

아틀란티다 교회Church of Atlántida로도 불리는 크리스토 오브레로 교회Cristo Obrero Church는 이탈리아 고대 건축과 중세의 종교 건축물에서 영감을 받은 것으로 알려져 있으며, 엘라디오 디에스

물결치는 듯한 모습의 크리스토 오브레로 교회의 예배공간

테의 대표 작품 중 하나로 1960년에 완공되었다. 교회의 본당은 직사각형 평면의 단일공간이며 지하의 세례당과 본당 옆의 독립적인 종탑으로 구성된다. 무엇보다 이 교회의 가장 큰 특징은 본당의 곡선형 지붕과 물결치는 벽면인데 모든 벽과 바닥, 지붕은 구조이자 내장재이자 외장재인 벽돌로 이루어져있다.

곡선의 지붕은 형태저항구조의 원리를 바탕으로 한 가우시안 볼트가 적용되었는데, 이 이중곡선 형상은 현수선을 아치 형태로 압축력만을 발생시킴으로써 휨bending의 영향에서 벗어나 얇은 두께로도 안정된 상태를 만들 수 있었다. 주로 얇은 콘크리트 쉘구조에서 사용되었으나 디에스테는 강화벽돌을 사용하여 이중곡선 형상을 구현하였다. 30mm 두께의 강화벽돌을 모르타르와 보강근과 함께 이중으로 구성해 약 100mm의 두께만으로 16m의 경간을 본당 위에 기둥 없이 확보하였다. 일반적인 아치보다 훨씬 평면적이고 수평적인

구조, 보이지 않는 건축

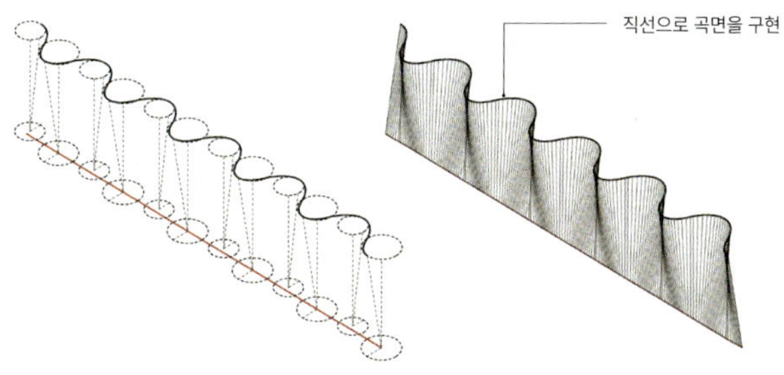

선직면Ruled surface의 곡면벽체

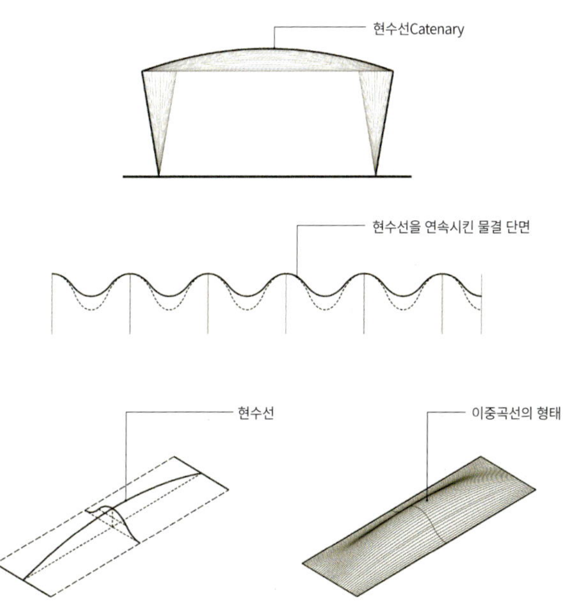

가우시안 볼트Gaussian vault의 곡면지붕

크리스토 오브레로 교회의 기하학 - 가우시안 볼트와 선직면이 곡선을 위해 통상적인 조적방식이 아닌 모르타르와 보강근을 통한 강화벽돌을 적용했다. 또한 지붕의 형상은 단일한 이중곡면이 아니라 반복적으로 연속되는 형상으로 나타난다. 이중곡면이 만나는 지점은 거의 수평이 되어 이곳에 인장력과 추력에 대응할 수 있는 인장철근tensor을 삽입했고 벽체 상부의 보와 연결된다. 이를 통해 전체 형태가 쉘의 형상이 아닌 벽과 지붕으로 구성된 본당의 모습이 되었다.

본당 좌우의 7m높이의 벽체는 지면에서는 직선으로 시작하지만 최상에 이르면 파동과 같은 물결 모양이 된다. 이를 연결하면 원뿔의 형태를 펼쳐놓은 듯 보이는데 각각의 파동은 다른 지름의 포물선으로 연결된다. 이는 선직면으로 구성되어 효율적이다. 실제 직선 부재인 나무로 틀을 만든 이동식 거푸집을 사용하였고 3mm 철근으로 보강하여 벽돌을 쌓아 약 300mm 두께의 물결치는 벽면을 만들어 냈다. 재료와 구조, 건축이 일체화되어 혁신적이고 아름다운

크리스토 오브레로 교회의 물결치는 지붕과 벽면

   구조, 보이지 않는 건축

건축물이 된 것이다. 기둥과 보로 이루어진 프레임구조가 아니면서도 현대적인 분위기가 있다. 콘크리트보다 적은 물량으로 가벼우면서도 벽돌이라는 물성을 통해 적당한 무게감을 주며 경제성과 지역성까지 획득한 놀랍고 혁신적인 건축물이다.

크리스토 오브레로 교회는 이러한 혁신성과 지역성을 인정받아 2021년 유네스코 세계유산에 등재되었다. 무엇보다 천년을 이어온 벽돌 건축의 전통에 현대 과학과 기술 지식을 접목하여 강화벽돌을 만들고, 이를 통해 건축에 대한 새로운 구조적·표현적 가능성의 길을 연 상징적인 사례였기 때문이다. 현지 자재로 건축할 수 있도록 설계하고 예부터 전해온 지역의 건축에 뿌리를 두되, 현대의 과학적·기술적 성과를 적극 활용했다. 자원 사용을 최소화하고 지속가능성을 확보하려는 노력 또한 공간적 개념과 재료의 물성에 대한 끊임없는 탐구와 함께 주목할 만한 부분이다. 이 교회는 기하학, 구조 개념, 건축자재의 형태 표현 등이 융합된 놀라운 사례로, 이동식 거푸집과 강화벽돌이라는 건축적·기술적 혁신을 최상의 공간과 미학으로 보여주고 있다. 전통에 토대를 두되 이를 재해석하고 혁신하면서 당시의 전통적 조제방식으로는 생각해내거나 달성하기 어려웠던 결과물을 구현해냈다.

Ⅲ

구조의 형태, 형태의 구조

현수 모형에서 형태 찾기

건축물을 얼마나 높게 지을 수 있는지가 인류가 가진 기술의 한계를 시험하는 하나의 기준이라면, 기둥 없이 드넓은 공간을 뒤덮는 구조물에 대한 도전은 아마 건축가와 기술자들의 몫일 수 있다. 더 높고 더 넓은 건축물을 만들려는 도전은 늘 계속되었다.

당연한 말이지만 넓은 공간은 더 큰 자유와 이동성을 제공하여 사람들에게 편안함을 느끼게 하며 답답함이나 갇힌 느낌을 줄여준다. 다양한 활동을 할 수 있는 유연한 공간이 되며, 공간적 여유와 개방감을 통해 여러 사람이 모일 수 있는 사회적 활동에도 적합하다. 건축물의 기원은 원시시대부터 비, 바람, 맹수와 같은 외부환경으로부터 개인과 집단을 보호하는 피난처shelter 개념에서 비롯된 것이다. 이후 인류가 사회와 집단을 이루며 많은 사람이 모이는 공간, 종교시설과 같이 집단이 모여 의식을 치르기 위한 공간에 대한 요구가 생겨났다. '대공간'은 이처럼 수많은 사람들이 모일 수 있는 용도에 부합하는 구조물에 대한 탐구에서 시작되었다. 로마의 콜로세움 같은 아레나arena와 많은 관중을 수용하기 위한 경기장, 극장, 공연장, 전시장이 대공간으로 만들어 진 것이 그 사례다.

일반적으로 '대공간'은 기둥이나 벽이 없거나 적고, 기둥 사이의 경간이 넓은 무주공간無柱空間을 뜻한다. 대공간은 유연한 공간 활용이 가능하여 활동에 맞게 자유롭게 변경하며 사용할 수 있다. 무주공간은 시야를 가로막는 주된 요소인 기둥과 벽이 없어서 더 넓고 개방적으로 느껴지며 이는 시각적으로도 쾌적하고 편안한 느낌을 준다. 또한 심리적인 자유와 편안함에 더해 압도하는 공간적 경험을 제공한다. 이러한 개방적인 공간은 창의적인 사고와 소통을 촉진하며 공동체 의식이나 사회적 상호작용을 증진시킨다.

과거 조적조로 만들 수 있는 가장 큰 대공간은 돔이었으며, 로마의 판테온(지름 43.3m)과 피렌체대성당(지름 45.5m)이 당시의 기술로 이룰 수 있는 최대의 대공간이었다. 이후 건축가와 구조기술자들은 더 경량으로 더 넓은 공간을 만들기 위한 재료와 구조 시스템을 탐구하여 발전시켜 왔다.

형태저항구조

일반적으로 다층의 건물을 짓기 위해서는 기둥과 보, 슬래브와 같은 선형적인 구조요소를 사용하여 프레임을 만들어 올라간다. 이러한 상황에서 경간을 넓히기 위해 기둥사이의 힘을 지탱하는 보의 깊이를 두껍게 해서 휨에 대응한다. 이처럼 일반적인 건축물은 건축물의 형태를 먼저 결정하고, 그 형태를 지지할 수 있는 구조와 각 부재의 두께, 깊이 등을 반영하여 만들어진다. 이러한 비형태저항구조는 수직, 수평의 직선적인 부재들이 단면적의 두께를 통해 힘을 전달하고 휨에 대응한다.

그러나 '대공간'은 지붕 상부에 구조물이 없고 하나의 넓은 실내

공간을 만드는 것이 더 중요하기 때문에, 직선이 아닌 곡선 또는 다른 형태로 구현한다. 물론 직선적인 보를 통해 대공간을 지지할 수도 있지만, 재료의 물성과 무게를 고려하면 무한정 두껍고 무거운 보로 대공간을 덮는 것은 한계가 있다. 이러한 한계를 극복하고자 과거에는 조적으로 만든 아치와 돔이 수직하중에만 대응하며 휨이 거의 발생하지 않는 점에 주목했다. 아치와 같은 형태가 힘에 대한 저항성을 가지며 그런 형태 자체가 구조체가 되는 것이 바로 '형태저항구조form active structure'이다.

가장 기본적인 형태저항구조는 두 개의 지지점에 매달린 케이블(또는 로프, 체인)이다. 케이블은 자체 무게로 인해 케이블의 길이와 지지점 사이의 거리에 따라 단 하나의 형태만을 만들어낸다. 이러한 상태의 케이블에 하중이 작용하면 하중의 작용점에서 케이블이 쉽게 구부러지면서 케이블에는 인장력만 작용하게 된다. 따라서 인장력만 작용하는 케이블이 휨bending moment을 받는 보보다 훨씬 효율적인 구조가 된다. 이처럼 하중에 따라 구조의 형태가 생성되며 하중저항형태가 되는 구조물인 형태저항구조가 되는 것이다. 이상적인 형태저항구조는 힘의 흐름과 정확하게 일치하여 힘의 '자연스

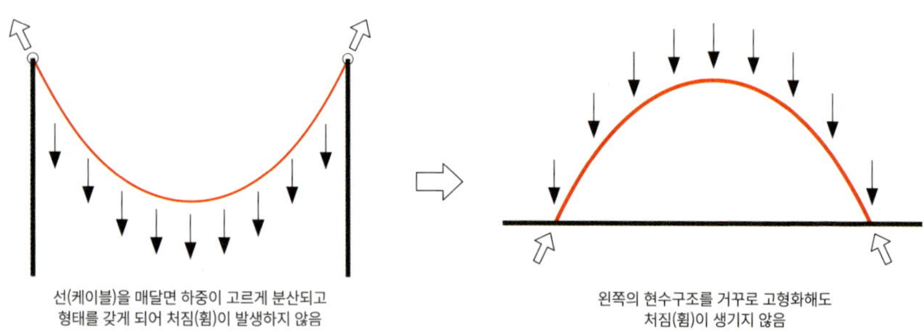

형태저항구조의 원리

러운' 경로를 보여준다.

형태저항구조는 넓은 경간을 위해 주로 사용되며 무주공간을 만드는 데 효과적이다. 또한 일반적인 프레임구조에 비해 훨씬 적은 재료와 크기의 부재가 사용되어 경량성을 확보할 수 있다. 구조가 형태에서 도출되므로 구조의 미를 그대로 드러낼 수 있으며 이 구조 시스템의 특성상 곡선으로 구성되기 때문에 독특하고 수려한 형상의 건축물을 구현할 수 있다.

현수선 Catenary

Catenary는 라틴어로 사슬chain을 뜻하는 'catena'에서 유래했으며, 영어 단어 'catenary'는 토머스 페인Thomas Paine에게 교량용 아치 건설에 관한 편지를 쓴 토머스 제퍼슨Thomas Jefferson에 기인한 것으로 알려졌다.

"I have lately received from Italy a treatise on the equilibrium of arches,
by the Abbé Mascheroni. It appears to be a very scientifical work.
I have not yet had time to engage in it; but I find that the conclusions
of his demonstrations are, that every part of the catenary is in perfect
equilibrium."
- Jefferson, Thomas (1829). Memoirs, Correspondence and Private Papers of
Thomas Jefferson. Henry Colburn and Richard Bentley. p. 419.

"최근 이탈리아에서 마스케로니 신부님이 쓴 아치의 평형에 관한 논문을 받았습니다.
매우 과학적인 내용인 것 같습니다. 아직 자세히 살펴볼 시간은 없었지만,
신부님의 실험 결과를 보면 현수선의 모든 부분이
완벽한 평형을 이루고 있다는 것입니다."
- 토머스 제퍼슨, 『토머스 제퍼슨의 회고록, 서신 및 사적 문서』
(헨리 콜번과 리처드 벤틀리, 1829), p. 419

현수선懸垂線이란 아래로 늘어뜨린 선으로 볼 수 있다. 이는 두 지점에 매달린 케이블의 자체 무게로 인해 드리워진 곡선으로 케이블에는 인장력만 작용하게 된다. 이러한 자가 형성 구조에 의해 형성되는 곡선이 현수선이며 기본적인 형태저항구조이다.

아치와 현수

아치는 압축력에 강한 재료를 사용하여 조적조에서 보다 넓은 경간의 공간을 만들어 내는 데 주로 사용되었다. 아치가 구조적인 성능을 충분히 발휘하려면 적절한 높이가 있어야 하는데 이 높이에 따라 지지점에 발생하는 수평 반력이 달라지며 높이가 낮을수록 비례하여 추력은 증가한다. 이에 아치 바깥쪽으로 버팀벽buttress 또는 측벽abutment을 만들어 지지하거나, 아치 안쪽으로 타이 바tie bar 같은 인장재로 양쪽 지지점을 연결해서 벌어지지 않게 처리하는 경우도 있다. 이와는 다르게, 현수선의 각 점에서는 접선 방향으로 인장응력만 발생한다. 이 인장응력은 자중에 의해 수직과 수평 방향이 상쇄되어 추력이 거의 발생하지 않는다. 따라서 아치는 반원과 같은 기하학적 형상을 가질 수 있지만 추력에 대응하는 추가적인 구조적 요소가 필요한 반면, 현수선은 그 자체로 구조가 될 수 있는 것이다. 현수선의 구조 원리는 17세기가 되어서야 확인되었다.

매달린 현수 모형 Hanging chain Model

현수선의 구조 원리는 '현수교' 등에 사용되어 오고 있지만 건축물을 디자인하는 데 적용된 것은 인장력만 발생하는 '현수선'을 뒤집고 단단하게 만들면 압축력만 발생하는 현수아치inverted

　구조, 보이지 않는 건축

catenary arch가 되는 원리를 파악한 후이다.

"유연한 사슬이 매달려 있듯이, 이를 뒤집으면 견고한 아치도 만들어질 것이다."
- 로버트 후크, 1675

영국의 과학자이자 자연철학자이며 건축가였던 로버트 후크 Robert Hooke(1635~1703)는 1671년에 최적의 아치 형태를 찾는 문제를 해결했다고 왕립 학회에 발표했고, 1675년에 "건물을 위한 모든 아치의 진정한 수학적 및 기계적 형태"를 발견했다고 썼다. 이후 '반전의 원리principle of inversion'로 알려진 위의 문장으로 정의했다.

현수선을 거꾸로 세워서 만든 현수아치는 현수 케이블과 정확히 반대 형태이기 때문에 아치의 중심을 따라 압축력만 발생한다. 이 선을 압축선이라고 하며 수평 방향인 추력과 자중의 합력이 이 압축선을 따라 흐른다고 할 수 있다. 압축응력은 항상 좌굴挫屈

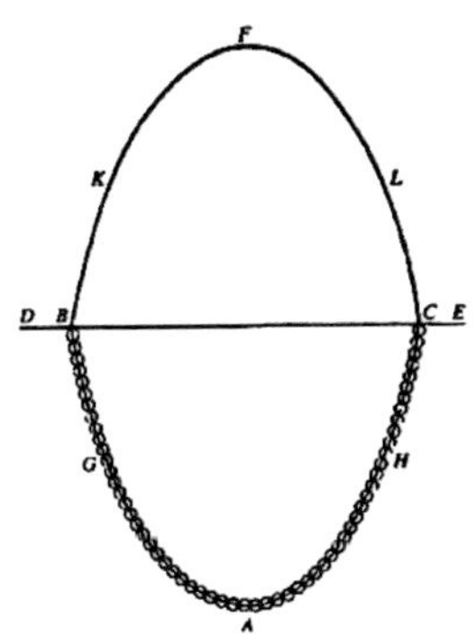

아치와 현수선에 대한 후크의 비유(폴레니 그림)

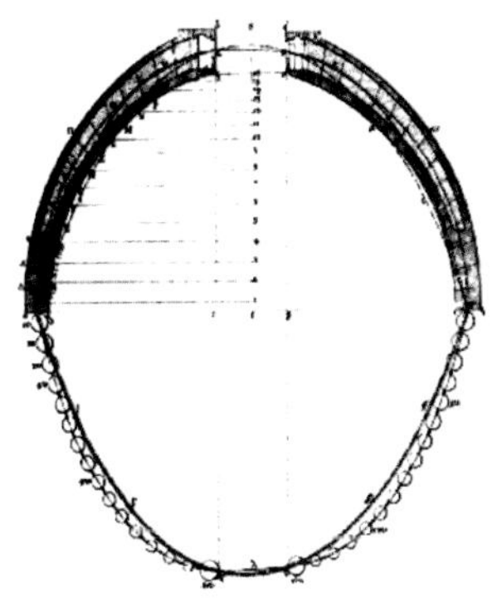

로마 성 베드로 대성당 돔에 대한 분석(폴레니 그림)

buckling(기둥이나 얇은 판과 같이 세장비가 큰 구조부재가 압축하중을 받을 때, 더 이상 직선 상태를 유지하지 못하고 휘는 현상)을 고려해야 하기 때문에 케이블만큼 얇게 할 수는 없지만 압축선이 아치의 중심을 따라 흐르기 때문에 적당하게 얇은 두께로는 가능하다. 이 원리를 가장 상징적으로 드러낸 구조물이 미국 세인트루이스의 게이트웨이 아치Gateway Arch이다. 핀란드계 미국인 건축가 에로 사리넨Eero Saarinen이 1965년에 완공한 192m 높이의 엄청난 이 기념비는 지금도 세계에서 가장 높은 아치 구조물이다. 단순한 조형물이 아니라 내부에는 엘리베이터를 설치해 정상까지 오를 수 있고, 전망대에선 미시시피강과 세인트루이스의 전경을 조망할 수 있다.

이전에도 이러한 현수선과 현수아치를 깊이 연구하고 건축물의 디자인에 적용한 건축가가 있었는데 바로 안토니 가우디Antoni Gaudí(1852~1926)이다. 카탈루냐 출신의 건축가 안토니 가우디는 19세기에 유행하던 고대 그리스와 로마의 양식을 따르는 신고전주의 건축에서 벗어나려 했다. 그는 자연의 유기적인 형태에 내재된 원리를 연구하여 건축물로 구현하는 데 집중하고, 단순한 자연 형태의 일차원적인 묘사가 아닌 삼차원적인 구축과 구조의 방법으로 발전시켰다. 가우디는 특히 고딕 성당에서 추력에 대응하기 위한 버트레스 또는 플라잉 버트레스와 같은 지지대가 사용되는 것에 거부감을 가지고 있었으며 이를 산업화된 기하학적 결과물의 반복이라고 생각했다. 따라서 추력이 발생하지 않는 형상을 찾아야 했다.

"The straight line belongs to man, the curved line belongs to God."

"직선은 인간의 것이고, 곡선은 신의 것이다."

 구조, 보이지 않는 건축

가우디가 남긴 말처럼 그는 자연의 형태를 곡선으로 보고 건물도 곡선이 될 수 있다고 믿었다. 컴퓨터도 없던 100여 년 전에 가우디는 어떻게 곡선으로 만들 수 있었을까? 가우디는 건축물에 대한 상세도면을 거의 그리지 않았고, 대신 3차원 모형을 만들며 세부 사항을 조절하는 것을 선호하였다. 기술적 측면에서 가우디의 또 다른 혁신은 축척 현수모형Catenary Model을 사용하여 구조를 계산한 것이다. 바로 모형을 만들어 생각을 발전시키고 구조를 고민했다.

가우디는 현수구조 이외에도 자연에서 영감을 받은 다양한 구조와 형태를 연구했으며, 현수모형을 활용한 건축물로는 1912년에 완공한 카사 밀라Casa Milà 공동주택 중 최상층의 로프트loft공간이 유명하다. 채석장La Pedrera이라는 애칭으로도 불리는 이 공동주택 건축물은 물결치는 돌 마감의 외관과 오르락내리락하며 굽이치는 옥상의 모습에서 언덕과 계곡의 풍경이 연상될 만큼 파격적이고 인상적이다. 이러한 구불지는 형상은 지붕과 맞닿아 있는 로프트공간의 구조와 관련 있다. 가우디는 높이가 모두 다른 270개의 뒤집힌 현수아치구조inverted catenary arch를 약 80㎝ 간격으로 배치하고 연결했다. 벽돌을 쌓아 만든 이 반복적인 현수아치구조는 마치 동물의 흉곽 속을 거니는 듯한 독특한 공간을 만들어낸다.

가우디의 '현수모형'을 이용한 건축물의 연구는 2차원적인 현수아치를 넘어 돔과 같은 3차원적인 공간을 계획하는 데 활용되었다. 오랜 설계기간과 의뢰인인 에우세비 구엘Eusebi Güell의 죽음으로 프로젝트가 중난되어 완성되지 못한 콜로니아 구엘성당Church of Colònia Güell을 설계하면서 가우디는 다중현수선을 통해 돔의 형상을 찾고자 했다. 현수와 현수를 연결하고, 다시 현수선 위에 현수를

현수구조의 원리로 벽돌로 지은 유기적인 카사 밀라의 로프트공간

연결하는 등, 다양한 방식으로 무게 추를 매달아 이상적이고 추력이 발생하지 않는 형태저항구조를 시도했다. 이 방식은 사그라다 파밀리아Templo Expiatorio de la Sagrada Familia 대성당에도 일부 활용되었다.

가우디는 이 현수모형을 만드는 데 오래 시간이 걸렸지만 작은 조정에도 나타나는 물리적인 결과를 즉시 확인할 수 있어 유기적 디자인을 탐색할 수 있는 유연성을 가질 수 있었다. 그는 아래에 놓인 거울을 사용하거나 사진을 찍어 역전된 모형을 보며 실제 건축물로

구조, 보이지 않는 건축

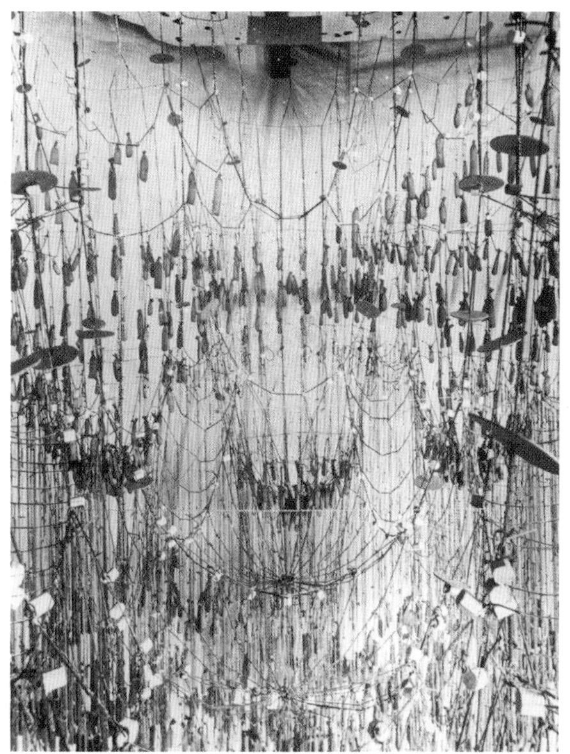

가우디의 현수모형

구현된 모습을 가늠하였다. 그의 건축물이 자연과 닮은 독특한 형태로 세워질 수 있었던 것은 자연에서 영감을 받아 상상력을 펼쳤을 뿐만 아니라, 힘의 원리를 다른 시각으로 연구하고 활용했기 때문일 것이다. 이를 통해 가우디는 오늘날에도 다시 보기 어려운 혁신적인 건축물을 남길 수 있었다.

마난티알레스 레스토랑　　　Los Manantiales Restaurant
펠릭스 칸델라　　　　　　　Félix Candela
　　　　　　　　　　　　　1958년 완공
레스토랑　　　　　　　　　RESTAURANT
멕시코 멕시코시티　　　　　MEXICO CITY, MEXICO

펠릭스 칸델라가 창조한 콘크리트 꽃잎, '마난티알레스 레스토랑'

1910년생인 펠릭스 칸델라Félix Candela(1910~1997)는 스페인-멕시코 건축가이자 구조기술자였으며, 특히 철근콘크리트를 이용한 얇은 콘크리트 구조 분야에서 혁신적인 작업으로 명성을 얻었다. 스페인 마드리드에서 태어난 칸델라는 마드리드의 건축대학 재학 시 기하학에 대한 관심이 많았다. 그는 뛰어난 시각적인 재능과 기하학에 대한 감각으로 다른 학생들을 가르치기도 했으며, 조교 역할을 수행했고, 이 장 후반부에 소개하는 에두아르도 토로하의 영향을 받은 것으로도 알려졌다. 1936년 발생한 스페인 내전으로 인해 1939년 멕시코로 망명한 후 10여 년간 건축가로 활동하였으나 별다른 성과를 내지 못하였다. 이후 1949년경부터 얇은 쉘 구조에 관심을 갖고 연구하기 시작하였다. 칸델라는 건축가라기보다 철근콘크리트와 쉘 구조를 연구하고 직접 만드는 구조기술자이자 시공자로서 1950년대부터 60년대 후반까지 멕시코에서 대부분의 작업을 수행했다. 이 기간 동안 300개 이상의 작품과 900개 이상의 프로젝트를 담당한 것으로 전해진다.

얇은 콘크리트 쉘 Thin Concrete Shell

형태저항구조인 쉘 구조의 안정성은 그 형태 자체에서 오는데, 이 형태로 인해 인장력은 사라져 압축력에만 대응하게 된다. 또한 이 형상을 만들어내는 기하학적 우아함과 곡선의 세련됨을 함께 경험할 수 있다. 무엇보다 칸델라는 얇은 콘크리트 쉘 구조를 집중적으로 실험하였다. 그는 최소한의 재료가 투입되면서도 넓은 쉘지붕을 만들 수 있는 구조적 효율성과 쉘의 기하학적 특성에 따라 만들어지는 미학적 모습, 즉 구조 분석에 따라 도출된 자연스럽고 아름다운 형상에 매료되었다. 쉘의 구조 원리는 평판을 한 방향으로 구부려 만드는 볼트vault 구조와 같은 단일곡면single curved surface에 있으며 아치의 원리로 압축력만 발생한다. 두 방향으로 구부린 이중곡면은 말안장처럼 다른 방향으로 구부려 볼록한 곡률을 따라 압축력, 오목한 곡률을 따라 인장력이 생길 수도 있으며, 돔과 같이 같은 방향으로 휘어지면 압축력만 생긴다. 칸델라는 볼트 형식의 단일곡면과 이중곡면, 그리고 우산과 같은 형태 등 다양한 쉘 구조를 만들었다. 무엇보다 이중곡면의 원리를 활용한 쌍곡선 포물면Hyperbolic Paraboloid을 활용하여 만든 얇은 쉘 구조가 주목할 만한 공헌으로 볼 수 있다. 쌍곡선 포물면은 이중곡면으로 3차원적으로 보이는 형상이지만, 실제 구현 시 직선 부재로, 직선을 연결하여 제작할 수 있어 효과적이며 상대적으로 저렴하고 완전한 곡선의 외형에 비하면 쉽게 만들 수 있다.

구조, 보이지 않는 건축

마난티알레스 레스토랑 Los Manantiales Restaurant

칸델라가 쌍곡선 포물면을 활용하여 만든 대표작이자 얇은 콘크리트 쉘 구조의 대명사로 불리는 건물이 바로 '마난티알레스 레스토랑'이다.

레스토랑이 위치한 멕시코시티 소치밀코Xochimilco지역은 호수와 운하로 이루어진 휴양지이며 아름다운 자연경관을 자랑한다. '마난티알레스 레스토랑'은 아름다운 자연환경 속에 연꽃처럼 호수 가장자리에 자리하여 꽃을 의미하는 스페인어 'La Flor'로 불린다. 기둥이 없이 연속된 내부공간은 아름다운 조각과 같은 물결치는 하나의 면으로 덮여 있으며 밖으로 열린 각각의 볼트는 유리로 채워져 360도 모든 면에서 빛이 유입되어 이 지붕구조물을 극적으로 비춘다.

마난티알레스 레스토랑의 내부모습

이 쉘구조는 4개의 쌍곡선 포물면이 서로 교차하여 8개의 볼트를 형성하며 전체적으로 원형의 형태를 갖춘다. 최대 직경은 42m이며 지지점 사이의 최대 경간은 32m이다. 이 쌍곡선 포물면의 구조 원리는 한 축의 아치의 원리와 다른 축의 현수선의 원리를 통해 하중이 경계의 아치로 전달된다. 따라서 경계는 한 축에서 아치 추력을 받고 다른 축에서는 현수선의 당김을 받는다. 아래쪽 모서리가 수평으로 끝나는 경우 모서리는 아치 모양으로 인해 추력과 당김의 영향을 모두 받으며 모서리 빔은 큰 휘어짐 없이 이러한 수평 힘을 모서리에 전달할 수 있게 된다. 칸델라는 이러한 원리를 이용하여 중앙 지점에서 교차하는 4개의 곡선 쌍곡면 포물면을 원형 배열하여 8개의 아치형 볼트 지붕을 만들었다. 경사진 포물선 돌출부를 형성하기 위해 가장자리를 잘라 위로 올라가게 했는데, 이러한 돌출

8개의 꽃잎 형태로 만들어진 지붕

구조, 보이지 않는 건축

부의 힘은 아치형 볼트를 따르는 힘과 반대 방향으로 작용하여 바깥쪽으로 향하는 추력을 감소시킨다. 이에 가운데는 6m, 처마의 끝 가장자리는 10m 높이로 구성되어 마치 꽃잎과 같은 모양을 만들어 낸다. 각각의 꽃잎에 주어진 하중은 교차점을 따라 전달되는데, 이

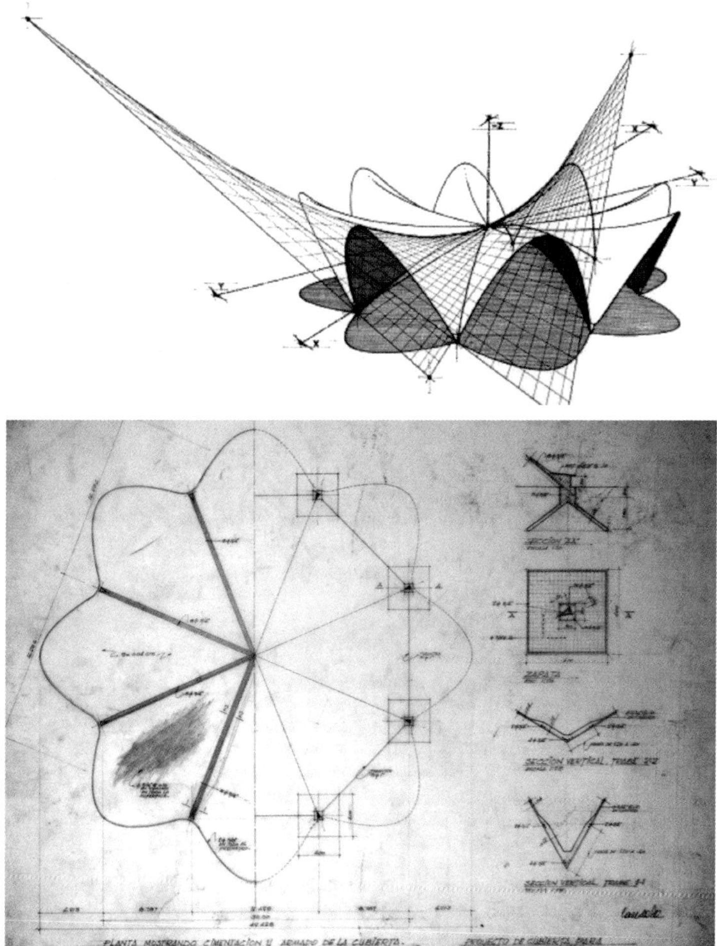

쌍곡선 포물면의 적용

부분은 'V'모양의 빔을 숨겨 배치하여 보강하였고, 기본적으로 전체 구조가 압축 상태로 작동하게 된다.

'V'빔을 통한 보강으로 테두리보 없이도 꽃잎의 끝선을 불과 4㎝의 두께로 만들 수 있었다. 또한 직선 부재를 통해 시공의 편의와 효율성을 높였다.

칸델라는 기하학과 구조적 표현에 대한 실험 끝에 디자인과 구조를 일체화함으로써 효율적이고 우아하며 아름다운 건축물이자 구조예술 작품을 탄생시킬 수 있었던 것이다. 이 레스토랑은 칸델라가 국제적인 관심을 받는 계기가 된 작품이었으며 이후 칸델라의 후기 작품에서도 유사한 형태가 다시 나타나 다른 건축가들이 모방하기도 하였다.

칸델라가 수많은 작품들을 통해 보여준 세 가지 철학은, 건축에 필요한 재료 사용을 최소화하고, 구조와 디자인을 융합하여 프로젝트 비용을 절감하며, 마지막으로 아름다운 형태를 만들어야 한다는 것이었다. 이 같은 그의 신념을 알고 나면, 단순한 형태에서 복잡한 기하학에 이르는 많은 작품에서 왜 그가 구조적 표현의 마술사로 불리는지 알 수 있다.

얇은 껍질 같은 쉘 구조

선에서 면으로 발전된 형태저항구조: 쉘 shell

쉘shell의 사전적 의미는 껍질(조개·알·열매·씨 등의)이지만, 갑각류의 겉껍질을 뜻하는 외골격exoskeleton을 포함한다. 건축과 디자인에서 쉘은 얇지만 단단한 구조를 가리키며 주로 곡선의 형상이다. 일반적으로 내부에 기둥이 없고, 외부에도 별도의 지지구조가 없는 구조를 뜻한다. 자연에서 볼 수 있는 쉘은 아주 얇은 껍질이지만 곡선적인 형태를 통해 내부의 내용물을 가장 효율적으로 보호할 수 있는 구조다. 건축에서도 쉘구조는 이러한 구조의 효율성, 즉 가장 적은 구조재료로 넓은 공간을 구성하며 지지할 수 있는 능력에서 영감을 얻은 결과로서, 3차원적인 얇은 곡면이 만들어내는 아름다움이 돋보인다.

쉘 구조

쉘 구조는 아치와 돔 구조처럼 '대공간'에 대한 사회적 요구와 건축적 욕망에서 탄생한 것으로, 자연에서 보는 것처럼 구조의 경량성과 효율성을 확보하면서 곡면의 아름다움을 드러낸다. 쉘 구조의 원리는 아치의 원리에서 시작한다. 곡선의 형상에 따라 압축력을 전달하고 인장력을 최소화하는 방식의 아치를 연속해서 붙여놓으면 볼트barrel vault구조가 되고, 360도 회전시키면 돔 구조가 되는 것이다. 쉘구조는 기본적으로 이러한 원리를 바탕으로 한 형태저항구조를 응용한 것으로 볼 수 있으며 하중을 곡면의 판에 분산시켜 힘을 전달한다. 쉘은 아치처럼 곡면을 따라 축력만으로 하중을 전달하므로 쉘 곡면은 얇은 막으로 만들 수 있고, 압축응력만 발생한다고 볼 수 있어 형태저항구조의 원리를 따르는 것이다. 하지만 실제로 구축될 때는 완전히 압축력만으로 힘을 전달하기는 어렵기 때문에 압축, 인장 및 전단 응력에 의해 가해진 힘도 전달되도록 해야 한다. 쉘의 형상은, 반원, 반구와 같은 기본도형의 형태에서 더 나아가 휘는 정도나 곡률반경, 경간 등에 따라 다양한 형태로 만들어질 수 있다. 칸델라의 작품 '마난티알레스 레스토랑'은 쉘구조의 명작으로 일반 구조물에서는 보기 어려운 아름답고 우아하며 역동적인 형상을 창조한 대표적 사례다.

쉘의 디자인적 가치

칸델라가 복잡한 수학적 계산 대신 쉘의 기하학적 특성에 근거해 쉘 디자인에 접근했다면, 또 다른 쉘의 전문가인 스위스의 건축가이자 구조기술자인 하인츠 이슬러Heinz Isler는 칸델라의 경량성과 얇은 껍질이 주는 구조미에 매료되었다. 하인츠 이슬러는 특히 자연의 법칙에 따라 기하학에서 탈피한 자유로운 형상이 갖는 무한한 가능성과 미적 가치에 관심을 두고 많은 영감을 얻었다.

건축물을 디자인할 때 적용되는 일반적인 규칙들인 좋은 비율

good proportion, 단순성simplicity, 정직성honesty 등은 쉘 구조의 건축물을 디자인할 때도 유효하게 적용된다. 이 구조는 자연의 법칙을 따른 형태저항 방식을 통해 미적으로 아름다운 비율은 물론, 불필요한 요소를 제거하고 부가적인 요소 없이 구현되는 단순성과 쉘 자체가 구조이자 동시에 내부공간을 규정하게 된다는 정직성을 갖게 된다. 또한 쉘은 곡선의 자연스러운 형상 때문에 자연 속에서도 이질감 없이 조화로우며, 도시의 네모반듯한 건물들 속에서도 대비의 미를 드러낼 수 있다. 현대적인 모양의 쉘은 극도로 단순하면서도 가벼운 구조의 효율성과 아름다움으로 과거에는 돔과 아치 구조가 가졌던 기술적·공간적 성취의 자리를 차지할 수 있었다.

매달린 모형: 형태를 찾는 과정

하인츠 이슬러는 비기하학적인 쉘의 형상을 찾기 위해 공학적인 계산에서 벗어나 물리적 모형을 통해 형태와 안정성을 찾는데 집중했다. 그는 효율성이 높은 쉘 구조를 만들기 위해 주로 세 가지 모형방식을 탐구했는데, 흙으로 주형mold을 만드는 방법, 탄성이 있는 고무를 활용하는 법, 그리고 천을 늘어뜨리는 방식이다. 그중 천을 늘어뜨리는 방식은 천이 가지고 있는 인장력으로 구조적인 곡률을 정의할 수 있어서 가장 효과적이었다. 천을 늘어뜨리면 인장력만 작용하게 되는데, 이 천에 레진Resin 또는 석고, 콘크리트 등을 입혀 단단하게 만들고 뒤집으면 압축력만 받는 쉘 구조물이 구현된다. 이렇게 찾은 자연스러운 쉘의 형상을 조금 더 큰 모형으로 제작하면 하중에 대한 더 면밀한 연구를 진행할 수 있다. 이러한 방법은 무게 추를 활용하고 쉘 표면의 좌굴 저항의 상세한 연구로 이어지며 적합한 두께까지 검토할 수 있도록 발전되었다.

안토니 가우디가 현수모형을 통해 선형적인 현수선과 이를 뒤집은 현수아치를 구현했다면, 하인츠 이슬러는 고무와 천을 이용한 매달린 모형을 통해 보다 자유로운 곡선의 '면'적인 형상, 더 자유로운 형태free-form와 가까운 쉘 구조를 만들어냈다.

"One does not actually create the form;
one lets it become, as it has to according to its own law."

"실제로는 사람이 형태를 창조하는 것이 아니라,
형태가 그 자체의 법칙에 따라 존재하도록 놔두는 것뿐이다."

\- 하인츠 이슬러

쉘과 콘크리트의 만남

펠릭스 칸델라와 하인츠 이슬러의 작품으로 대표되는 쉘 구조는 대부분 콘크리트로 만들어졌다. 이 구조의 특성상 아주 얇은 콘크리트로 만들 수 있기 때문에, 얇은 콘크리트 쉘Thin concrete shell이라 부른다.

얇은 콘크리트 쉘 구조물은 자체 무게로 늘어뜨려진 끈이나 천처럼 순수한 인장력만 작용하는 구조를 뒤집어 순수한 압축력만 받게 하는 방식이라는 점을 앞에서 말했다. 쉘 구조는 이러한 원리에 따라 압축구조물이 되는 것이다. 그렇기 때문에 과거의 아치나 돔에 사용되었던 압축강도가 좋은 구조재료인 석재나 벽돌 그리고 콘크리트가 적합한 재료이다. 반면 주로 동일한 규격의 벽돌을 쌓아 만든 과거의 아치와 돔과 같은 반원, 반구의 형상에 비해, 더 비정형적이고 자유로운 곡면인 쉘 구조는 곡면에 전달되는 하중의 분포를 고려하여 두께를 다르게 해야 하기에 쌓기로 만들기에는 제한적이다. 이에 반해 콘크리트는 타설을 위한 가설공사와 거푸집이 필요하긴 하지만, 구조체를 하나의 형상으로 만들 수 있고, 철근을 통한 보강이나 두께 변화를 주기가 쉽다. 무엇보다 콘크리트는 하나의 일체화된 얇은 구조물로 쉘의 형상을 구현해 낼 수 있는 장점이 있다. 그리고 그 물성을 드러낼 수 있기에 건축가가 순수한 형태이자 구조이며 공간인 건축물을 강조하기엔 더없이 좋은 재료인 것이다.

얇은 콘크리트 쉘 건축물은 주로 1950~70년에 만들어졌다. 콘크리트 쉘로 만들어진 건축물 중 별도의 기둥 없이 세계에서 가장 큰 내부공간을 가진 건물은 프랑스 파리 라 데팡스La Défense에 위치한 CNIT 건축물(1958년 준공)로 길이 218m, 최고높이 46m에 달하는 거대한 이중 쉘 구조로 만들어졌다. 요즈음는 이런 구조방식을 선택하지 않는데, 콘크리트 쉘의 구조적인 한계보다는 콘크리트 쉘 구조를 만들기 위한 가설공사와 거푸집을 만드는 재료비와 인건비가 막대하여 경제적 부담이 크기 때문이다. 또한 강철을 이용한 트러스나 스페이스 프레임과 같은 구조방식의 발전으로 콘크리트보다 적은 비용으로 유사한 대공간을 구현할 수 있다는 것도 이런 콘크리트 쉘 구조를 보기 힘든 이유이다. 그럼에도 불구하고 한 뼘 정도로 얇은 콘크리트로 만들어진 쉘 구조는 다른 재료로는 표현하기 어려운 일체화된 3차원 곡면 형상을 만들어내는 매력적인 구조이다.

쉘 구조의 장단점

쉘 구조는 형상 자체가 하중에 저항하는 3차원 표면이며 따라서 하중이 분산할 수 있게 곡면이 만들어져야 한다. 그래야만 쉘의 지지점에 가까운 하부와 가장자리를 제외하면 휨이 발생하지 않아서 두께가 얇아질 수 있다. 단순하게 생각하면 쉘 구조는 일반적인 기둥과 보로 이루어진 건물과 비교하여 동일한 경간을 훨씬 적은 양의 구조재료를 사용하여 만들 수 있기 때문에 더 효율적인 구조방식으로 볼 수 있다. 문제는 이처럼 완벽하게 하중을 전달하는 형상을 만들기 위해서 면밀한 검토와 계산이 필요하며 휨이 발생할 수 있는 부분은 두께 조절을 통해 보강되어야 한다. 또한 구조재료의 양은 적은 대신 실제 쉘 콘크리트 공사에 들어가는 가설과 거푸집 설치 등의 비용이 일반적인 구조물보다 크기 때문에 단순하게 더 경제적이라 볼 수 없다. 또한 보와 기둥으로 이루어지는 프레임 형식의 구조처럼 수평적 확장과 수직적 적층이 불가하여 단층으로 한정된다는 단점도 있다.

오늘날의 쉘 구조

높은 난이도와 공사의 어려움으로 쉘 구조물은 많이 만들어지지 않았지만, 오늘날 디지털 기술의 발전으로, 이제는 매달린 모형 대신 컴퓨터 프로그램을 통해 구조적으로 최적화된 쉘의 형상을 찾을 수 있게 되었다. 이러한 디지털 기술을 갖게 되면서 쉘 구조의 변함없는 미적가치와 구조적 경량성이 다시금 주목받게 되었다. 콘크리트 쉘과 더불어 이제는 조적방식의 쉘도 시도되고 있는데, 비정형의 곡면을 형성하는 각각의 조적 유닛을 필요한 크기와 두께에 맞게 생산해낼 수 있기 때문이다. 컴퓨터를 이용한 설계와 제조의 자동화 시스템이라는 두 가지 해법을 통해 쉘 구조의 잠재력을 되찾고 있는 것이다.

일본 건축가 니시자와 류에Ryue Nishizawa가 2010년 완성한 데시마 미술관Teshima Art Museum은 얇은 콘크리트 쉘 구조이다. 마치 풀밭 위에 떨어진 물방울처럼 보이는데 4.5m의 낮은 높이의 쉘 구조로 40×60m에 달하는 기둥없는 공간을 만들었다. 두 개의 개구부를 가진 쉘의 두께는 25㎝에 불과하며 흙으로 주형mold을 만들어 공사하였다. 이 아름다운 쉘의 곡선은 구조기술자(사사키 무츠로 Mutsuro Sasaki: 일본 구조기술자. 일본의 유명 건축가들과 구조디자인을 협업하였다)가 무수히 많은 분석과정을 통해 최적화된 형태

풀밭 위에 떨어진 물방울 같은 모습의 데시마 미술관

25cm 두께의 아름다운 쉘구조를 보여주는 데시마 미술관

를 찾아내고 현장에서 시공사가 3,500개의 비정형 포인트를 정확하게 설정하고 나서야 실현할 수 있었다.

이처럼 쉘 구조를 실현하기 위해서는 여전히 어렵고 많은 비용과 노력이 필요하지만, 완성된 형태는 우아함과 아름다움, 그리고 구조와 공간의 일체화를 통해 건축의 극단적 순수함을 드러낸다.

데이팅겐 주유소   Deitingen Service Station
하인츠 이슬러   Heinz Isler
                      1968년 완공
주유소   SERVICE STATION
스위스 데이팅겐   DEITINGEN, SWITZERLAND

구조예술가 하인츠 이슬러의 '데이팅겐 주유소'

스위스 구조기술자인 하인츠 이슬러Heinz Isler(1926~2009)는 20세기의 위대한 철근 콘크리트 쉘 제작자 중 한 명이었으며 유럽 전역에 우아하면서도 효율적인 쉘 구조물을 남겼다.

스위스 취리히 근처 촐리콘Zollikon에서 태어난 이슬러는 학창시절 예술에 재능을 보였으나 측량기사였던 그의 아버지는 그에게 먼저 공학 전문 자격증을 취득하라고 조언했다. 이에 취리히 연방 공과대학교the Swiss Federal Institute of Technology, ETH에서 구조공학을 전공했다. 그의 졸업 논문 주제는 얇은 콘크리트 구조였으며, 졸업 후 몇 년간 ETH 교수인 피에르 라디Pierre Lardy의 조교로 일했다. "우리 내부에서 미학을 찾고 적용하라"라는 라디 교수의 말은 그에게 큰 영향을 미쳤는데 그가 쉘의 구조적 효율성과 더불어 미학적 측면에도 두각을 나타낸 것도 이와 무관하지 않은 것 같다. 이슬러는 재학시절 구조물을 탐구하기 위해 모형을 사용하는 것의 가치를 깨닫게 되었다. 개업 후 그의 첫 번째 프로젝트인 부르도르프Burgdorf 근처 랑엔탈Langenthal에 있는 호텔 크로이츠Hotel

Kreuz의 콘서트 홀 지붕(1955)은 그를 남은 생애 동안 추구하게 될
쉘 빌더shellbuilder의 길로 인도한 작품이다. 인상적인 철근콘크리
트 외피로 설계된 지붕의 형태는 베개를 보고 영감을 얻은 것으로
전해진다. 1959년 9월, 그는 스페인의 저명한 구조 엔지니어이자

쉘을 위한 새로운 형상들

쉘 제작자인 에두아르도 토로하Eduardo Torroja가 설립한 조직인 국제 쉘 구조 협회IASS의 첫 번째 회의에서 자신의 작업을 발표하였다. 이전까지 대부분의 얇은 철근콘크리트 쉘은 내부의 힘과 응력을 수학적으로 쉽게 설명할 수 있는 표면(구, 원추형, 쌍곡선 포물면)의 형태를 적용한 것이었다. 그는 여기서 더 나아가 쉘의 형태를 찾는 혁신적인 방법을 소개했다. 이슬러는 흙더미, 부풀린 고무 막, 매달린 천을 사용하여 새로운 형태를 찾아낼 수 있는 무한한 잠재적 스펙트럼을 가진 세 가지 성형 방법을 제시했다. 그 중 유명한 스케치 다이어그램은 39개의 쉘을 위한 새로운 형상과 마지막에 '등etc.'을 써놓아 무한한 형태를 생성할 수 있다는 것을 보여주었다.

특히 부풀린 고무막inflated rubber membranes과 늘어뜨린 천 hanging cloths은 그 팽창과 처짐이 형태저항구조로써 순수한 인장 구조가 되어 안정적인 형태를 생성할 수 있었다. '부풀린 고무막'은 마치 그물망에 물체를 넣으면 물체대로 늘어난 형상을 갖게 되는 것처럼, 젖은 석고 혼합물을 바른 후, 경화해 막membrane을 팽창시켜 형태를 얻는 방법이다. 이렇게 형성된 형태는 뒤집으면 자체 무게로

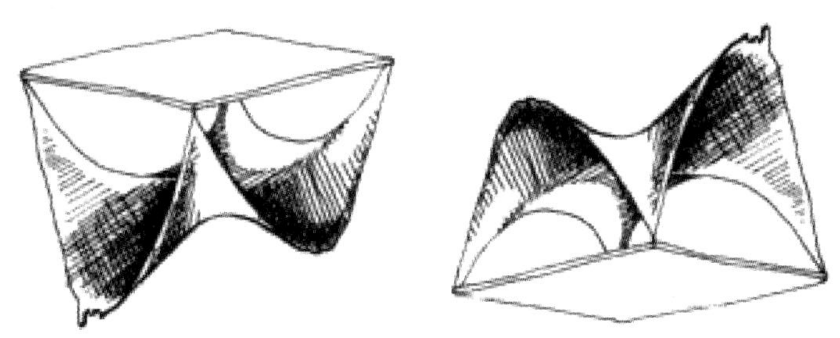

이슬러의 매달린 천 모형 스케치

인한 순수한 압축 구조가 되므로 압축에는 강하지만 인장에는 약한 콘크리트 재료의 쉘에 매우 적합한 형태저항구조가 된다. 이슬러는 이러한 팽창형 막 방법을 통해 다양한 프로젝트를 실현한 후 또 다른 매체인 폴리우레탄 폼foam을 실험했다. 화학 반응에 의한 폼의 자기 형성 과정은 그를 매료했고 매끄럽고 완만한 곡선의 유기적 형태 디자인으로 이어졌다.

그러나 구조 예술가로서의 그의 명성은 주로 매달린 천이나 막의 형태를 반전시켜 만든 얇은 콘크리트 쉘에서 얻었다. 무엇보다 이 매달기 방식은 하중 조건과 지지 위치가 동일하더라도 잠재적인 막의 형태가 무한하게 존재하며 기하학에서 벗어난 자유로운 형태들을 생성form-finding할 수 있는 혁신적인 방법이었다.

이슬러는 1960년대 초 책 표지에 실린 칸델라의 마난티알 레스토랑을 보고 큰 영향을 받았으며, 특히 4cm의 얇은 콘크리트 두께로 드러나는 구조의 경량성과 미적 아름다움에 감명받았다고 한다. 이슬러는 50년이 넘는 동안 설계한 많은 쉘 구조로 건축가는 물론 구

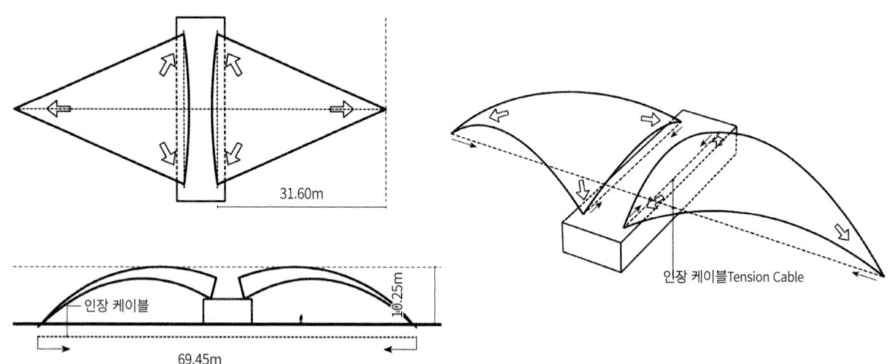

데이팅겐 주유소 구조 개념도

구조, 보이지 않는 건축

조기술가에게도 존경과 찬사를 받았으며 구조예술가structural artist로 불렸다. 그는 쉘 구조의 미학적 아름다움을 만들어내며 학창시절 꿈이었던 예술가의 타이틀을 구조디자인을 통해 얻게 되었다.

데이팅겐 주유소

이슬러는 1957년부터 늘어뜨린 천을 활용해 형태를 생성하는 방법을 실험하였는데, 1968년에 지어진 스위스 베른 근처 데이팅겐 주유소Deitingen Service Station가 이 방법을 사용하여 실제로 구현한 첫 번째 작품이다. 이 주유소 지붕은 31.6m의 길이와 26m 폭의 삼각형 모양의 지붕 2개가 한 쌍으로 이루어져있다. 각각의 지붕에는 3개의 지지점이 있는데 마주 보는 단변의 지지점은 주유소 건물 위에 놓인다. 이 콘크리트 쉘의 두께는 9cm에 불과하다. 이 쉘 구조는 인장력이 거의 발생하지 않고 압축력만 작동하며 또한 이 이중곡면의 형태는 강화를 위한 테두리보 없이도 안정성을 확보한다. 최대 높이 11.5m의 두 삼각형 쉘 지붕은 주유소 건물을 통해 서로를 지지한다. 각 지지점에 발생하는 수평 추력에 대응하기 위해 지층 하부에 프리스트레스드prestressed 케이블을 설치하여 각 지지점들을 연결해 당겨주고 있다. 주유소 건물 하부에는 단변을 연결하며, 두 삼각형의 제일 바깥쪽에 위치한 지지점도 케이블로 연결되어 있다. 얇은 두 개의 삼각형 쉘은 마치 공중에 떠 있는 것처럼 가볍고 아름다우며 지붕 아래의 내향적 공간은 삼각형으로 인해 지지점으로 갈수록 쉘의 형상이 가늘어지며 외부로 개방되는 모습은 아름다운 조각과 같은 예술품처럼 보인다.

1999년에 데이팅겐 주유소를 철거하고 스틸 캐노피로 교체하겠

데이팅겐 주유소의 구조실험 모형

다는 건축주의 의견이 제기되었을 때, 마리오 보타Mario Botta를 포함한 저명한 스위스 건축가들의 적극적인 반대로 지금까지 남아 있게 되었다.

자유로운 형태의 시작, 격자 쉘

격자 쉘의 구조 원리는 기본적으로 쉘과 동일하다. 곡선의 형상을 따라 힘을 분산하여 휨을 최소화하며 이를 통해 상대적으로 적은 재료로 기둥 없이 대공간을 구성할 수 있다. 일반 쉘과 격자 쉘의 차이점은, 쉘이 단단한 껍질의 표면을 사용한다면 격자 쉘은 격자grid를 통해 만들어진 구조라는 점이다. 즉 곡면으로 만들어진 콘크리트 쉘에서 힘은 쉘 표면의 모든 방향으로 분산되지만 격자 쉘에서는 격자의 패턴을 따라 분산된다. 면적인 쉘의 표면을 격자로 분할한 후, 선형패턴만 남기고 나머지 공간을 제거한다고 생각할 수도 있다. 결과적으로 선형의 요소들이 연결되어 촘촘한 망network을 형성하며 쉘과 같은 공간구조를 만든다. 쉘과 아치의 구조적 이점을 활용하여 쉘과 같은 형태를 만들 수 있도록 진화한 것이다. 이러한 원리로 격자 쉘은, 격자를 뜻하는 래티스lattice 쉘이라고도 불린다.

재료의 변화 & 구법의 진화

격자 쉘의 가장 큰 특성은 재료의 변화와 구법의 진화이다. 기존의 곡면으로 된 쉘이 압축력이 강한 석재, 벽돌 또는 콘크리트를 사용하여 일체화되고 연속된 형상을 구현하였다면, 격자 쉘은 선형적인 요소인 강재(철), 목재 또는 종이관과 같이 다양하고 더 가벼운 재료로 만들 수 있다. 석재와 벽돌, 그리고 콘크리트는 압축력에 강하지만 무게가 상당하고, 재료를 원하는 위치에 배치하고 만들기 위해서는 많은 가설공사와 거푸집공사가 필수불가결하다. 반면, 격자 쉘의 재료들은 경량성이 좋고 공사방법 또한 더 효율적이다. 예를 들어 목재 격자 쉘의 초장기 공사방법은, 목재 격자 쉘을 평평한 바닥에서 2차원 평면상으로 조립하고 중앙부에 최소한의 가설 비계타워를 만드는 것이다. 타워 상부에서 바닥에 놓인 평면 목재 격자 쉘을 들어 올려 모양을 만든 다음, 바닥에 접하는 테두리를 제자리에 고정하면 된다. 이는 콘크리트 쉘과 비교하여 공사에 투입되는 재료의 양, 인원 및 공기를 많이 단축할 수 있는 방법이다. 콘크리트 쉘의 경우 가설을 세우고 거푸집을 만들고 보강철근을 넣고 콘크리트를 붓는 일련의 공사과정이 모두 현장에서 이루어져야 한다. 하지만 목재나 강재(철)은 선형부재를 연결해 만들기에 자재의 일부를 공

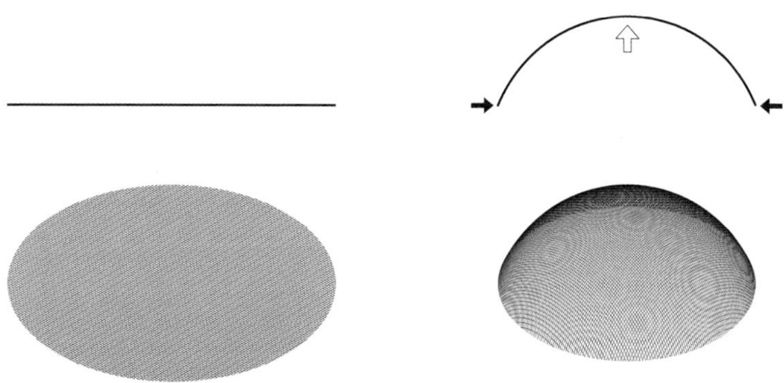

평면에서 곡면으로: 경계를 따라 작용하는 힘들이 목재를 구부려 곡선 형태로 만든다

목재 격자 쉘 공법(밀어올리기)

장에서 생산하여 현장에 가지고 올 수 있어 공사의 효율성이 높다.

목재 격자 쉘의 원리

목재 격자 쉘은 길고 얇은 목재가 일반적으로 두 방향으로 놓여 압축력이 주로 작용하는 기하학적 형태를 갖춘 이중 곡면의 쉘의 구조를 말한다. 면적인 쉘은 힘이 표면의 모든 방향으로 분산되어 수직 및 전단력에 저항할 수 있지만, 격자 쉘은 선형의 부재로만 구성되어있어 부재 방향의 힘에만 저항할 수 있다. 그렇기 때문에 격자 쉘 구조는 강도가 상대적으로 약할 수 있다. 이에 상부와 하부의 목재가 두 방향으로 배열되는 이중 구조를 사용하여 전단 강도와 강성을 높이고 교차묶음cross-tie, 강성 가새bracing 등 대각선 가새를 배치하여 보완한다. 이러한 이중 구조의 격자 쉘은 상단과 하단 목재 사이에 전단력 전달을 위해 부재끼리 연결하고 상하부 목재 사이에 전단 블록shear block을 삽입한다.

목재 격자 쉘 기법을 처음 개발한 것은, 현대 건축의 혁신적인

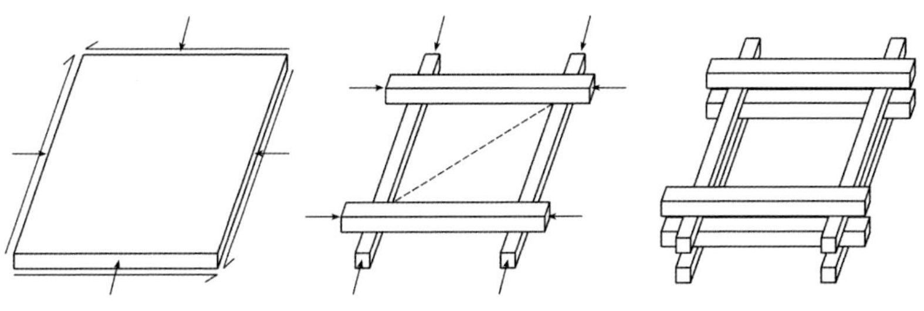

연속 쉘은 어떤 방향에서든 평면 내의 힘을 받을 수 있으며, 수식력과 전단력에 저항할 수 있다.

격자 쉘은 두 방향에서만 힘을 받을 수 있어 목재 방향에 지향력이 집중된다. 사선 케이블 추가 시, 구조물의 안정성이 높아진다.

이중 격자 쉘을 통해 구조물 전체의 강성을 높인다.

연속 쉘과 격자 쉘의 비교

건축가이자 구조기술자 중 한명인 프라이 오토로 알려져 있다. 그는 동일한 직선 목재로 평평한 격자를 만들고 이에 힘을 가해 이중 곡선 모양으로 변형하는 방식을 사용했다. 이는 격자를 지면에서 평평하게 시작하여 위쪽으로 밀어 올리거나, 지면 위에서 조립한 뒤 낮추는 두 가지 방식으로 구현할 수 있다.

격자 쉘은 기둥 없는 대공간을 만드는 데 유용한 구조방식이다. 일반적인 프레임 방식과 비교했을 때, 구조적 효율성과 구조에 투입되는 물량이 상대적으로 적어서 경량성이 뛰어나다. 이에 더해, 격자 쉘은, 면面이 아닌 선線 요소로 이루어져 있어 더 개방적이고 가볍다. 곡면으로 만들어진 쉘도 개구부(구멍)를 뚫어 빛과 바람을 내부공간에 끌어들일 수 있지만, 선으로 만들어진 격자 쉘은 지붕 전체를 투명하거나 반투명한 소재로 덮을 수 있기 때문이다. 밖에 있는 듯하면서도 외부로부터 보호되는 투명한 막을 가진 유기적 공간에 대한 상상이 구현되었고, 이후 자유로운 형태를 추구하는 건축물들에 영향을 주었다.

자유로운 형태를 향한 욕망과 출현

'자연에는 직선이 없다'는 말이 있듯이 인류는 늘 자연의 유기적인 형태를 동경해 왔다. 과거 재료와 기술의 한계로 인해 수직과 수평 또는 기하학적 도형을 통한 계산으로 건축물을 만들어오던 건축가와 기술자에게 이러한 자연의 유기적인 형태는 더욱 큰 욕망을 불러오고 도전의 대상이 되었다. 건축에서 통상적으로 말하는 '프리폼 free-from', 즉 자유로운 형태는 이와 같이 유동적이고 유기적인 형태를 뜻한다. 직선이 아닌 곡선의 비정형 건물로 구조에서는 동일한

 구조, 보이지 않는 건축

프랭크 게리Frank Gehry가 설계한 DZ 은행DZ Bank(2000년). 대표적인 비정형 건축물이다.

요소가 반복되지 않고 형상이 기하학으로 규정되지 않는, 불규칙하며 이중곡선으로 힘을 지탱하는 건축물의 구조다.

건축이 예술과 분명히 구분되는 점은, 물질적인 재료로 중력을 견딜 수 있게 구축해야 한다는 사실이다. 과거에도 유기적인 형상을 꿈꿨지만, 어떤 재료로 어떻게 만들어야 할지 답을 찾지 못했다. 그러다 탐구를 거듭한 끝에 찾아낸, 디지털 디자인 도구의 사용은 재료와 제작의 기술적 진보와 함께 현대 건축에서 자유로운 형태의 구현이 가능하게 만들었다. 자유로운 형태에 대한 탐구는, 미적가치가

아키그램Archigram의 피터 쿡Peter Cook과 콜린 푸르니에Colin Fournier가 오스트리아 그라츠에 설계한 미술관Kunsthaus Graz. '친근한 외계인Friendly Alien'이라 불린다.

 구조, 보이지 않는 건축

높은 아름다운 비정형의 형태를 창조한다는 사실만으로도 의미가 있다. '더 높게', 또는 '더 넓게'라는 이상만큼이나 자유로운 형태의 구현과 경험은 인류의 또 다른 욕망이자 도전이다.

건축적으로 유기적인 형태를 만드는 일에 힘을 실어준 것은, 현대사회의 환경적 이슈였다. 건축물은 수직하중에 대한 고려만큼 바람을 포함한 횡력, 즉 수평하중에 대한 면밀한 고려도 필요한데, 유동적인 형태는 바람의 힘에 직접적으로 대응하는 대신 부드러운 형태에 따라 공기역학적으로 풍압을 감소시킬 수 있다. 전산유체역학 CFD: Computational Fluid Dynamics 해석을 적용한 형태를 통해 효율적이고 안정적인 건축물을 설계함으로써 에너지 사용을 감소시킬 수 있음을 알게 되었다. 또한 유기적인 3차원의 곡면의 형태는 쉘 구조의 효율성과 경량성 등의 장점도 함께 취할 수 있다는 이점도 있다. 물론 복잡하고 난도가 높은 비정형의 건축물을 구현하는데 드는 총 비용이, 이런 건물을 통한 에너지 또는 재료의 절감과 비교하여 더 경제적인지는 검토가 필요한 부분이긴 하다.

비정형 형태의 건축

자유로운 형태의 건축물은 구조와 무관하게 다양한 재료와 방식으로 만들 수도 있다. 구조는 일반적인 프레임구조를 사용하고 건축물을 둘러싼 외관만 비정형의 형태로 구현할 수도 있다.

현대건축의 아버지라 불리는, 르 코르뷔지에가 생의 후반기에 설계한 프랑스에 있는 롱샹 성당Chapelle Notre-Dame-du-Haut은 직선을 강조해왔던 과거 건축물과는 달리 그의 작품 중에서 거의 유일한 유기적 형태이다. 마치 가우디의 건축물처럼 자유롭고 유기적인 형태를 띠고있어 놀라운데, 실제로 놀랍도록 아름답고 종교 공간 특유의 신성한 분위기가 감돈다. 건축물의 구조는, 외부에서 보이는 유기적 형태와 달리 일반적인 건물과 유사한 기둥과 보로 구성되어 있다. 이는 구조와 형태의 연관성이나 통합성보다는, 공간의 형태와 외관에 더 치중한 것이라 볼 수 있다. 르 코르뷔지에는 콘크리트의 무거운 지붕과 두꺼운 벽을 표현하려 했으며 거대한 지붕과 벽의 틈, 또는 벽의 두께를 이용한 창을 통해 다양하고 시적인 빛을 담으려고 했다. 그렇지만 '무거운 느낌'을 실제로 무겁지 않게 하기 위해 연속된 콘크리트 보로 속이 빈 지붕을 만들었으며, 이를 벽속의 얇은 기둥들이 지지하게 하였다. 롱샹 성당은 현대건축사에 가장 인상

르 코르뷔지에의 롱샹 성당

구조, 보이지 않는 건축

적인 건축물 중 하나로 이처럼 꼭 구조와 형태가 일체화되지 않아도 드러나는 형태와 공간적 경험만으로도 가치 있는 건축물이 될 수 있다는 것을 보여준다.

비정형의 유기적 건축을 대표하는 건축가는 아마도 자하 하디드 Zaha Hadid라 할 수 있다. 동대문 DDP를 설계한 건축가로도 잘 알려진 자하 하디드와 그녀의 회사 건축물은 일반적인 기하학적 형태에서 벗어나 비대칭적, 유기적, 유려한 곡선을 중심으로 계획되었다. 이는 전통적인 건축의 틀을 넘어서려는 미적 실험과 공간 혁신으로 역동적이고 유동적인 공간을 만들어낸다. 자하 하디드는 2012년 베니스 건축 비엔날레에 설치작품을 선보이며, 프라이 오토, 펠릭스 칸델라, 하인츠 이슬러의 작업을 함께 보여줌으로써 자신이 추구하는 비정형 건축이 앞선 쉘 구조의 연장선상에서 탐구 및 개발되고 있음을 드러냈다. 특히 자하 하디드는 프라이 오토의 구조적 형태 찾기 작업과정form-finding process을 통해 원하는 형태와 공간의 풍부함, 유기적 일관성, 유동성이 복잡한 힘의 균형에서 합리성을 끌어내는 법을 배웠다고 서술했다. 자하 하디드의 비정형 건축의 근원은 앞선 건축가들의 쉘 구조에 대한 탐구에서 비롯되었다고 볼 수 있다. 그러나 물리적인 모형으로 가장 효율적인 형태를 찾는 이전 방식과는 다르게 진보된 디지털 기술의 알고리즘적 형태 생성(컴퓨터 알고리즘을 이용해 다양한 형태와 패턴을 생성하는 파라메트릭 Parametric 건축 디자인을 뜻함)을 기반으로 한 디자인 연구는 점차 구조적 논리를 찾는 대신 원하는 유기적 형태를 생성하고 이를 구현할 기술을 찾는 방향으로 전개되었다. 형태의 자율성에 더 많은 가치를 부여하면서 많은 경우 일반적인 건축물보다 더 많은 구조 보강이 필요했고, 표준화되지 않은 자재를 사용해야 할 때도 많았다. 이로 인해 높은 기술력을 요구하는 어려운 시공성과 더불어 건설비용이 증가하는 문제가 발생한다. 대표적으로 2020년 도쿄 올림픽 주경기장 설계안이 채택되어 진행되었으나, 예산의 두 배가 넘는 건설비 증가로 인해 재공모를 거쳐 일본 건축가 구마 겐고의 설계로 변경되었다. 당시의 논란은 공사비만의 문제는 아니었으나, 경제성 문제에서 벗어날 수는 없었다. 자하 하디드의 건축물이 독창적이라는 점에는 아마 이견이 없다고 생각한다. 수려한 곡선의 미와 유동적인 공간구성은 우리가 쉽게 접할 수 없는 공간경험을 제공한다. 그러나 구조적인 측면에서는 비효율적이라는 비판이 뒤따른다. 이 복잡하고 비정형적인 형태를 구현하기 위해 새로운 기술과 구조 공학의 도입을 유발한다는 긍정적인 면도 있다. 하지만 앞서 언급한 쉘 구조의 건축가와 엔지니어들이 곡선의 형태를 사용해 구조의 효율을 높이고 최소한의 재료를 사용하는 방법을 찾기 위해 탐구한 반면, 자하 하디드의 비정형건축물은 더 많은 구조적 보강에 따른 더 많은 부재의 사용, 높은 난이도를 해결하기 위한 높은 기술력과 맞춤형 자재의 사용으로 인해 더 비싸고 오랜 공사기간이 필요했다. 구조적으로는 비효율적이고, 경제성은 떨어지며, 때로는 내부공간의 실용성도 비판의 대상이 되기도 한다. 어쩌면 그녀가 추구한 실험적인 건축 철학에서 비롯된 도전에 따른 불가피한 결과일 수도 있다. 이러한 비판들을 해결하기 위해 디지털 설계 및 최적화 기술을 적극 활용하여 구조적 비효율성을 줄이는 시도도 했다고 알려졌다. 효율적인 건축물이 꼭 좋은 건축이 아닐 수 있듯, 독창성만 내세운 건축물도 위대한 것만은 아닐 것이다. 판단은 독자들의 몫이지만 자하

 구조, 보이지 않는 건축

하디드가 건축계에 새로운 길을 열었고 오늘날 건축 분야에 많은 영향을 준 것만은 분명하다.

건축기술적인 관점에서 비정형의 건축물은 격자 쉘의 원리에서 진화한 건축물로 보는 것이 일반적이다. 쉘 구조의 원리를 기본으로 하여 주어진 형태의 가장자리까지 하중을 고르게 분산할 수 있도록 격자를 만드는 것과 각각의 격자 부재들이 이러한 힘을 따르도록 망network을 면밀하게 분할하는 것이 중요하다. 비정형의 자유로운 형태가 모두 압축력만 받는 형태저항구조일 수는 없지만, 압축력을 최대한 활용하고 인장력에 대응할 수 있도록 해야 하기 때문이다.

유기적인 격자 쉘의 구현

격자 쉘을 통한 자유로운 형태를 구현하는 데는 3가지 중요한 요소가 있는데, 첫째 이중곡면을 분할하는 방식tessellation, 둘째, 선형부재와 이 부재들을 연결하는 접합부-교점node, 셋째, 트러스

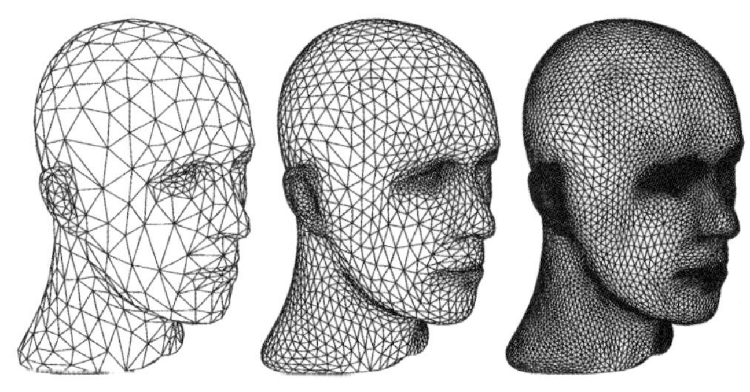

3차원 면의 분할에 대한 세분화 예시

truss 구조의 진화이다. 이는 기본적으로 격자구조와 연속체 쉘 사이의 혼합으로서, 트러스 구조가 공간적으로 구부러진 격자로 진화한 것으로 볼 수 있다.

우리가 비정형의 사물이나 입체적인 형상(예를 들어 사람의 얼굴)을 재현할 때, 일차적으로 형상을 스캔하여 각형의 패턴으로 분할하고 각 점과 선들의 좌표점을 구해서 만드는 것처럼, 입체적인 형상 또는 표면에 그리드를 생성하는 것을 '분할'이라고 부른다.

테셀레이션tessellation 또는 타일링tiling이라고 부르는 이 방식의 중요한 점은, 하나 이상의 기하학적 모양을 사용하여 겹치거나 틈이 없는 표면을 덮는 것으로 연속적이고 반복적인 패턴으로 만들어야 한다는 것이다. 물론 재료에 따라서 연속면의 쉘처럼 입체적인 형상 그대로를 재현하기도 하지만 격자 쉘은, 점/선/면으로 만들어지기 때문에 면의 분할이 필수적이다. 이를 통해, 발생한 선은 선형의 구조부재가 되고, 이 선형부재들이 만나는 접합부는 교점node이 된다. 그리고 이 선들로 만들어진 면은 채워지거나 비워지게 된다.

면분할의 패턴은 다양하지만, 구조적인 효율성과 공사의 용이성을 생각했을 때 가장 많이 사용하는 패턴은 삼각형triangle grid과 사각형quadrilateral grid이다. 삼각형패턴은 아주 작은 면까지 분할할 수 있어서 시각적으로 가장 유기적인 형태를 구현할 수 있고, 복잡한 형태에 적합하다. 삼각형의 장점은 구조적으로 가장 안정적인 각형이라는 점이다. 최소의 각형인 삼각형은 면을 구성할 수 있는 최소의 선 3개로 이루어지며, 이는 구조적으로도 변형이 생기기 어려워 안정적이다. 또한 삼각형은 다른 각형에 비해 확장성과 연속성이 뛰어나다. 모든 각형은 내부에 선만 추가하면 모두 삼각형으로 치환할 수 있다. 이렇기 때문에 삼각형 패턴은 가장 입체적 형태에 가깝게 구현될 수 있는 것이다. 따라서 복잡한 비정형의 형태를 구현하는 데 가장 많이 사용된다. 또 다른 장점은, 삼각형은 어떠한 조건에서도 평면planar으로 만들어진다는 것이다. 우리가 공중에 아무 곳에나 세 점을 찍고 연결하여 삼각형을 만들면 항상 평면의 상태가 된다. 이는 건축을 할 때 아주 유용하고 효율적인 장점이다. 물론 유리를 포함한 여러 재료들로 입체적인 면surface을 만들 수는 있지만, 이는 제작과정의 난이도를 높이고 비용이 훨씬 많이 든다. 특히나 격자 쉘처럼 수없이 많은 면을 모두 비정형의 입체적인 이중곡면으로 만들어야 한다면, 가능은 하지만 쉽지 않은 일이다. 그렇다고 삼각형의 격자 패턴에 단점이 없는 것은 아니다. 가장 큰 단점은 각 선들이 모이는 접점의 복잡함이다. 하나의 접점이 모두 다른 방향과 각도에서 오는 6개의 선을 받아줘야 한다. 이는 셀 수 없이 많은 격자 쉘의 접점이 각각의 조건에 맞게 디자인되어야 함을 의미한다.

사각형은 이러한 삼각형패턴의 대안이 될 수 있다. 삼각형의 접

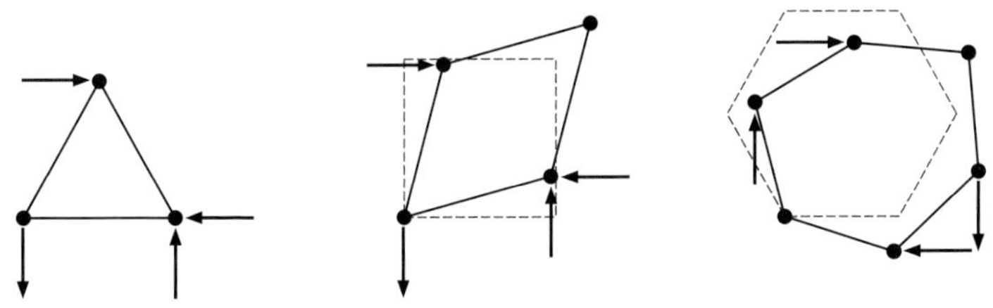

삼각형의 안정성과 사각형의 변형

점에 6개 선이 모인다면, 사각형은 4개 선만 모이기 때문이다. 상대적으로 경량화가 가능하고, 접점이 비교적 덜 복잡하여 단순화할 수도 있다. 시각적으로도 부재의 밀도가 낮아 더 개방적일 수 있다. 그러나 삼각형이 갖는 장점을 얻을 수 없다는 것이 단점인데, 먼저 사각형은 구조적으로 완벽하지 않은 형상이라 변형의 우려가 있다. 따라서 부분적으로는 사각형을 삼각형 격자로 변환하기 위해 사각형의 대각선을 가로지르는 가새를 넣기도 한다. 두 번째는, 삼각형과 달리 사각형은 이중곡면의 형상에 따라 평면으로 만들어지지 않을 수도 있다. 이를 이중곡면으로 만들면 제작과정이 복잡하고 비용이 증가하며, 경우에 따라 사각형의 연속면이 만들어질 수 없는 상황이 발생한다. 따라서 사각형의 패턴은, 좀 더 완만한 곡면에 알맞고, 필요에 따라 대각부재들을 추가하여 안정성을 확보는 방식으로 사용된다.

이러한 복잡한 비정형 형상의 격자 쉘이 가능해진 것은 특히 디지털 기술의 발전 덕분이다. 수많은 다른 크기의 부재들을 일일이 수작업으로 연결해 보지 않고, 컴퓨터 프로그램을 통해, 형상을 구현하고 구조를 최적화하며 각 부재의 형상을 만들어 낼 수 있다. 컴퓨터 수치 제어CNC 기계를 통해 다양한 재료를 밀링milling, 굽힘, 인쇄 또는 주조하는 것이 가능하다. 모두 모양이 다른 1,000개의 부재를 생산하는 것과 동일한 모양의 부재를 1,000개 생산하는 데 드는 비용에 큰 차이가 없어진 것이다. 부재의 제작에 제한이 없고 모두 고유한 형상을 만들 수 있기에 격자 쉘의 형태가 자유로워지고 그 가능성이 무한하게 확장되었다.

사람들은 현대건축물을 주로 수평과 수직으로 규정되는 사각박스로 여긴다. 그러나 자연에서 보이는 여러 유기적인 형태를 건축물로 구현해 보고자 하는 열망은, 이러한 기술의 발전을 통해 하나둘씩 현실 속에 실현되고 있으며, 구조와 일체화하면서 경량성과 개방성을 확보하고 더 유기적 형태로 나아가고 있다.

만하임 멀티홀   Multihalle Mannheim
프라이 오토, 칼프리트 무슈틀러, 요아힘 랑너
                    Frei Otto, Carlfried Mutschler , Joachim Langner
                    1975년 완공
파빌리온   PAVILION
독일 만하임   MANNHEIM, GERMANY

만하임의 불가사의, 프라이 오토의 '멀티홀'

프라이 오토Frei Otto(1925~2015)는 독일의 건축가이자 구조 기술자이다. 앞서 몇 번 언급했듯이 경량 및 인장 구조 분야에서 선구적인 업적을 남긴 인물로 잘 알려져 있다. 그가 구조 경량화를 위해 시도했던 다양한 실험 중의 하나가 바로 목재로 만들어진 격자 쉘 구조이다. 프라이 오토도 하인츠 이슬러와 마찬가지로 쉘 구조에서 착안한 매달린 모형의 방법을 사용하였다. 이슬러가 고무와 천을 매단 모형을 통해, 자유로운 곡선의 '면'적인 형상을 탐구하였다면 프라이 오토는 동일한 방식의 구조 원리를 이용하여 그물 모양의 쉘 구조를 탐구하였다. 이는 형태저항구조의 원리를 이해하고 반영하기 위한 가장 효율적인 방법이며 더 자유로운 형태를 실험하는 데 적합하였다. 프라이 오토가 구현한 목재 격자 쉘 건축물 중 독일 만하임에 있는 국립정원박물관의 멀티홀Multihalle Mannheim이 대표적이다. 멀티홀은 현재까지 자중 이외의 하중을 받지 않는 가장 큰 규모의 목재 격자 쉘 구조이자 보다 자유로운 형태의 시대를 알린 아이콘과 같은 건축물이다.

1975년에 완공된 멀티홀이 처음 세상에 모습을 드러냈을 때, 마치 UFO가 착륙한 것 같다는 말이 회자되었고 어떤 기사에는 '만하임의 불가사의The Wonder of Mannheim'라는 표현도 등장했다. 목재의 섬세한 선으로 구성된 이 곡선 건물은 새롭고 자유로운 형태의 건물을 보여주는 혁신적인 구조디자인의 결과물이었다. 멀티홀의 어느 부분에도 직각이 없는 유기적인 형상은, 홀, 통로, 열린 공간, 운영 시설 등 다양한 공간을 하나의 쉘 구조 안에 담으며 주변 공원 속에 자연스럽게 녹아들었다.

만하임이 최초의 전국 정원박람회를 헤르초겐리트공원Herzogenriedpark에 개최하게 되면서 건축가 칼프리트 무슈틀러Carlfried Mutschler가 공모를 통해 멀티홀을 수주하였다. 무슈틀러는 지지 기둥이 없는 캐노피 공간을 제공한다는 전제로, 대형 풍선에 부착된 원반형 요소로 만든 임시 건축물을 구상했으나 건축법 상의 문제로 인해 '떠다니는 지붕'이란 아이디어를 포기해야 했고, 이윽고 프라이 오토에게 지원을 요청한다. 1972년 뮌헨 올림픽 경기장의 지붕 디자인으로 화제가 되었던 오토는 건축가들과의 협업을 중요시하였으며 멀티홀의 지붕 구조를 담당하게 되었다.

무슈틀러는 멀티홀에 인공 둔덕과 수로로 이루어진 지형을 시각적으로 통합한다는 개념을 부여했다. 오토는 멀티홀이 인공물의 물리적인 영역을 넘어서 열린 사회를 위한 실험적 상징이자 문화적 지표가 되기를 희망했다. 다양한 공간을 하나의 거대한 지붕이자 쉘 안에 담아낸 멀티홀은 개방성과 경량성에 더해 대규모의 자유로운 형태로 20세기 유례없던 건축물을 구현해냈다. 정원박람회를 위한 임시 공간이었으나 혁신성을 인정받아 영구적으로 사용하기로 하였

구조, 보이지 않는 건축

고, 1998년에 문화재 등록 건물로 지정되었다.

목재가 격자 쉘의 재료로 사용된 이유는 구조적으로는 좌굴에 저항할 만큼 단단하면서도 곡선으로 변형되어 쉘을 형성할 수 있을 만큼 유연하기 때문이었다. 또한 미적으로도 아름다우며 자연적인 소재로 정원박람회와도 잘 어울렸고 박람회 기간만 임시로 사용될 예정이었기 때문에 가벼우면서도 추후 재활용이 가능하다는 점도 합격점이었다. 전체 쉘은 폴리염화비닐PVC로 만들어진 막으로 덮어 반투명재질을 통해 전체 공간에 은은한 자연채광이 들어오도록 하였고, 밤에는 내부의 인공조명이 외부로 빛을 발산하도록 하였다. 멀티홀은 캐노피 통로를 통해 연결된 두 개의 쉘로 나뉜다. 하나는 다목적 홀이며 다른 하나는 레스토랑이다. 전체 크기는 160m×115m로 가장 높은 지점은 지상에서 20m이다. 가장 넓은 경간은 60m이며 전체 길이는 85m에 달한다.

멀티홀의 내부 모습

얇고 가벼운 격자

격자 쉘은 구조가 덮는 전 영역에 걸쳐 규칙적인 그리드를 형성한다. 쉘 구조의 한 형태로, 콘크리트나 목재, 강철로 만든 모든 쉘 형태의 공통점은 구조물의 전체 크기에 비해 구조체의 두께가 극히 얇다는 점이다. 예를 들어, 멀티홀은 길이가 85m이고 지붕 면적이 7,400m²에 달하지만 외벽 두께는 0.5m 미만이다. 이 쉘 구조 두께와 경간의 비율은 대략 0.00625이다. 달걀 껍질의 직경 대비 두께의 평균 비율이 0.007인 것을 감안하면 멀티홀이 달걀 껍질보다도 비례적으로 얇다는 것을 보여준다. 달걀 껍질이 두께에 비해 엄청나게 단단하다는 것을 감안하면 쉘 구조가 얼마가 얇고 효율적인지를 알 수 있다. 그럼에도 불구하고 쉘 구조는 제한된 공간 및 용도에만 적용될 수 있고, 현재에도 디지털 기술 덕분에 분석과 설계는 쉬워졌지만 구현하기에는 여전히 난이도가 높은 구조물이다.

모형의 구조화

멀티홀이 개발될 당시 컴퓨터 분석능력은 아직 초기 단계였다. 당시의 많은 엔지니어와 건축가는 실제 구조에 작용하는 힘의 구조적 거동을 근사치로 파악하기 위해 물리적 모형에 의존했다. 프라이 오토는 격자 쉘의 형태를 찾고 부재와 접합점이 어디에 위치해야 하는지를 파악하기 위해 매달린 모형을 사용하였다. 이 모형은 1:500 축척으로 모형의 표면 전체에 균일하게 펼쳐진 철사를 사용하여 대략적인 길이와 폭을 계산하였고 격자 쉘의 형태를 생성했다. 이때 매달린 철사 그물은 자체 무게로 인한 인장력을 받게 된다. 실제로 이러한 대형 쉘 구조물의 1차 하중이 되는 풍력과 설압을 감안하면

구조, 보이지 않는 건축

구조물의 자중은 미미하다. 따라서 자중을 1차 결정 요인으로 삼아 선택한 형태는 완벽하지는 않지만, 구조적 형태를 파악하는 방법이 될 수 있다. 매달린 철사 그물에 균일한 분포의 하중이 가해지면 자연스럽게 휨이 발생하지 않는 모양이 된다. 여기에 형태를 반전시켜 거꾸로 뒤집으면 형태저항구조의 원리처럼 모든 인장력은 압축력으로 전환된다.

매달린 모형을 통해 발전된 형태는 사진 측량을 통해 하중에 대한 변화를 평가하고 디지털 모델로 변환하여 구조를 계산하는 검증 단계를 거치게 된다. 이러한 시공 안정성 계산은 공사과정에서 물이 채워진 통을 매달아 검증했고 행잉 모형이 완성되었을 때 입체사진측량법Stereophotogrammetry을 사용하여 모형을 측정했다. 입체사진측량법은 서로 다른 위치에서 촬영한 두 개 이상의 사진 이미지를

프라이 오토의 멀티홀을 위한 매달린 모형

사용하여 물체 위에 있는 점의 3차원 좌표를 추정하는 기술로 중심 원근법의 재현법칙을 이용하여 입체물을 재구성할 수 있다. 따라서 구조에 배치될 모든 결절점의 위치와 목재 선형 부재에 필요한 길이를 찾을 수 있었다. 이러한 치수는 쉘의 경계를 만들고 쉘이 최종적으로 어떻게 작동할지 예측하는 데에도 필수적이었다. 그러나 모형만으로는 실제로 구현가능한 정보로 수치화하기가 어려웠다. 따라서 모형에서 찾은 결과를 추가로 검증하기 위해 내력밀도법force Density method으로 알려진 기술이 사용되었다. 이는 입체사진 측량법을 사용하여 얻은 좌표를 가져와 컴퓨터 모델에 데이터로 입력함으로써 디지털정보로 치환하는 방법이다. 모든 데이터가 컴퓨터에 저장되면 미세한 조정을 통해서 부재의 길이를 하나로 설정하고 구조의 힘이 균형을 이루는지 확인할 수 있었으며 또한 이를 통해 구조의 곡률을 부드럽게 만드는 것이 가능해졌다.

격자 쉘의 구현

격자 쉘의 가장 흥미롭고 독특한 점은 건설 과정으로, 일반적인 건축 방법보다 훨씬 빠르고 경제적이다. 멀티홀에는 이중격자가 사용되었는데 이는 미학적 관점에서 목재 빔의 크기가 50㎜×50㎜를 넘지 않도록 건축가가 사전에 결정했기 때문이다. 이 이중 격자에는 3만 3,000개가 넘는 접합부가 있는데, 각 접합부의 단일 지점에서 총 4개의 목재 부재가 교차된다. 또한 접합은 자유롭게 회전할 수 있어야 했다. 이는 현수모형이 자체적으로 매달린 형태를 자유롭게 취할 수 있었던 것처럼 격자 쉘이 평평하게 바닥에 배치되어 있다가 들어 올려질 때 최종 형태를 취할 수 있는 유연성이 필요하기 때문이다. 이를 위해 격자 쉘을 의도한 위치로 올릴 수 있는 시스템을 고안해야 했다. 당시 제안된 첫 번째 방법은 크레인으로 쉘의 단면을 끌어올린 다음 절점과 경계부의 조건을 확인하여 고정하는 것이었다. 그러나 크레인을 장기간 현장에 두어야 하므로 비용이 너무 많이 발생하는 문제가 있었다. 두 번째로 더 실용적인 방법은 쉘 아래에서 가설용 지지타워를 사용하여 위쪽으로 밀고 쉘 경계에서 측면을 안쪽으로 밀어내는 혼합 방법이었다. 쉘이 올바른 위치에 올라가 자리를 잡으면 접합부를 조이고 목재 부재가 더 이상 변위되지 않도록 부재 사이에 나무 블록을 삽입했다. 이러한 나무 블록은 전단력을 높여주는 것으로 풍력과 설압으로 인한 휨 모멘트에 저항하는 역할을 하였다. 또한 6번째 접합부마다 2개의 6mm 버팀줄bracing cable을 사용하여 전단력을 높이고 좌굴을 방지하였다. 이러한 방식으로 7,400㎡의 거대한 쉘 구조는 1년 만에 완공되었다.

멀티홀은 수학적 탐구와 형태 찾기form-finding를 통해 만들어진 구조이다. 쉘 구조의 경량성과 격자 쉘의 효율성, 그리고 보다 자유로운 형태를 보여줌으로써 1970년 당시로서는 혁명적이었고 이후 많은 목재 쉘 구조와 유기적인 형태를 구현하는 데 큰 영감을 주었다.

더 넓게 더 멀리

기술과학에서 경간은 기둥과 기둥 사이 또는 그 사이의 거리를 뜻한다. 토목구조에서는 다리의 교각과 교각 사이의 거리, 건축에서는 건축물을 받치는 기둥이나 지지벽 사이의 거리를 뜻한다. 특히 건축에서는 두 개의 기둥, 또는 지지벽 위에 올라가는 수평적 부재인 보가 주로 경간을 정의하는 요소가 된다.

더 넓은 경간을 확보하는 것은 높이 올라가고 싶은 인류의 열망처럼, 기술적 한계를 극복하고자하는 건축가들의 또 다른 열망과 도전이다. 대지의 제약조건을 극복하고(예를 들어 강을 가로지르는 다리 기둥의 수를 최소화하는 방법), 구조의 효율성을 높이고, 건축공간의 시각적·물리적 방해물인 기둥을 제거하려면 경간의 확보가 필수적이다.

다시 한 번 설명하자면, 두 개의 지지점 위에 놓인 보에 하중이 발생하면 아래로 처지는 휨이 발생한다. 직선형 수평 보는 자연스럽게 구부러지는 경향이 있는 것이다. 이 휨에는 두 가지 힘이 작용하는데, 상부 부분의 압축(가운데로 미는 힘)과 하부 부분의 인장력(가운데에서 바깥쪽으로 끄는 힘)이다. 과거에는 압축력이 좋은 돌과 벽돌은 있었으나 인장력이 좋은 재료가 없었기에 긴 보를 만들 수 없고, 기둥간격이 짧을 수밖에 없었다. 이후, 인장력이 좋은 강철과 철근을 활용한 철근콘크리트의 발명으로 경간은 오늘날과 같은 너비를 갖게 되었다.

앞에서 살펴본 바와 같이, 이러한 넓은 경간을 위해, H형강이 만들어졌고, 철근보강으로 인장력을 높인 철근콘크리트를 사용하였고, 더 나아가 트러스를 활용하여 경간을 넓혀 나갔다. '보'를 통해 경간을 확장하는 방식에서 더 넓은 경간을 위해서는 보춤beam depth이 더 큰 보가 필요하므로 공간활용이 제한적이다. 물론, 20세기 브라질 건축에서 중요한 건축가 중 한 명인, 리나 보 바르디Lina Bo Bardi가 설계한 브라질의 상파울루 미술관Museu de Arte de São Paulo, MASP처럼 거대한 튜브형 보와 기둥을 통해 74m에 달하는 무주공간을 만들고 8m를 들어 올려 도시의 랜드마크가 된 경우도 있다. 그러나 이러한 무겁고 두꺼운 보가 아닌 방식으로 더 넓은 경간을 확보하는 방법은 없을까? 더 얇고 가벼운 재료와 구조로 더 넓

리나 보 바르디의 상파울루 미술관 제안이미지

은 경간을 확보할 방법은 없을까? 구조기술자와 건축가들은 이러한 질문을 품고 해법을 찾아왔다.

늘어뜨림

보와 같은 형태는 앞서 이야기한대로, 상부엔 압축력이 하부엔 인장력이 발생한다. 휨으로 인한 구부러짐을 막기 위해 보는 두꺼워지지만, 휘어진 채로 둔다면 어떻게 될까? 케이블을 늘어뜨린다고 생각하면, 이미 휘어진 처진sag 형태의 케이블에는 압축력 없이 인장력만 발생하기 때문에 적은 재료량으로 버틸 수 있는 가장 경제적인 구조방식이 될 수 있다. 밧줄 양쪽을 잡고 있으면 밧줄 자체의 무게 때문에 아래로 완만히 처진 곡선이 나타나는데 거미가 거미줄을 만드는 것 또한 동일한 원리이다. 케이블은 스스로의 무게에 의해 형태가 만들어지며 이것이 바로 '현수선catenary'이다.

이러한 원리를 활용한 것이 넓은 경간의 다리에서 주로 볼 수 있는 현수교의 현수구조다. 현수懸垂는 한자의 뜻 [매달 현, 드리울 수]대로, 매달아 드리우는 방법이다. 이는 다리를 지지하는 현수교만이 아닌 건축물에도 적용할 수 있다. 하나는 지붕의 하중을 케이블로 직접 당겨서 만드는 방법으로 기둥 없이 긴 경간을 지탱할 수 있다. 내부에 기둥이 있으면 기능적으로 문제가 되는 전시관이나 체육관 등을 구현하는 방법이다. 또한 현수선을 건축물의 지붕의 형태로 그대로 사용하는 방식도 있다. 케이블 지붕의 형태는 케이블을 따라 연속해서 하중이 가해질 때 만들어지며 현수선에 따라 지붕재를 설치하면 곡선으로 휜 지붕선을 만들 수 있다. 이러한 늘어뜨림을 통한 건축물은 상대적으로 얇은 지붕구조체로 이루어져 외관이 경쾌

    구조, 보이지 않는 건축

하고 날렵하며 적은 구조 물량으로 넓은 경간을 만들 수 있다. 이 늘어뜨림 방식은 현수선이 지탱하는 무게가 충분히 무겁지 않으면 불안정하게 되며 지붕 위로 바람이 세게 불면 상승 압력이 생겨 위로 들릴 수 있다. 따라서 현수식 케이블 지붕은 아래로도 당겨서 날아가지 않도록 고정하거나 적정한 무게를 부여하여 이를 방지한다. 또한 늘어뜨림을 지탱하기 위해 양쪽에서 긴장감을 유지할 지지구조가 필요하며 마스트mast로 불리는 주탑 또는 기둥이 사용된다. 이는 추력을 상쇄해주는 역할도 같이 할 수 있다.

1998년 포르투갈 엑스포 국가관의 캐노피는 이러한 늘어뜨림 방식을 활용한 놀라운 건축물이다. 알바로 시자Álvaro Siza Vieira가 같은 포르투갈 건축가인 소토 데 모우라Eduardo Souto de Moura와 세실 발몬드Cecil Balmond의 도움으로 디자인한 이 건축물의 핵심은 거대하고 불가능할 정도로 얇은 콘크리트 캐노피로, 두 개의 거대한 주랑 사이에 자연스럽게 드리워져 있고 강을 향한 전망을 제공한다. 단순 명료하고 무게가 가벼우면서도 강력하며, 지붕이 있는

포르투갈 엑스포 국가관의 캐노피

공공 광장의 대담한 건축적 제안이다.

이 캐노피는 구조기술과 현대적인 디자인의 정점을 보여준다. 이는 프리스트레스 콘크리트로 채워진 거대지지구조물 사이에 드리워진 강철 케이블의 현수선에 의해 형성된다. 현수교와 동일한 기술로 설계되었으며, 느슨한 케이블을 콘크리트로 보강하여 흔들림과 진동을 제거했다. 콘크리트 캐노피에 우아하고 깨끗한 질감을 주는 것 외에도 전체적인 지붕의 무게를 줄임과 동시에 적정한 무게를 유지하여 강한 외풍이 아래에서 지붕을 움직이거나 들어 올리는 것을 방지한다. 이 거대한 캐노피의 면적은 무려 70m×50m에 달하지만 케이블과 이를 둘러싼 지붕의 두께는 20㎝에 불과해 멀리서 보면 세장한 곡선의 옆모습이 또렷이 보여 믿기지 않을 정도로 가볍고 무게감이 없어 보인다. 반면 캐노피 아래에 서 있다 보면 콘크리트의 견고함과 공간의 광활함을 경험하게 된다. 또한 양쪽의 지지구조물과 지붕 연결부는 콘크리트 없이 케이블만 노출되어 마치 얇은 곡선의 콘크리트 지붕이 공중에 떠 있는 듯한 모습을 연출한다. 이 건축물을 보고 있으면, 구조가 디자인에 얼마나 지대한 영향을 미치는지 알게 된다.

접기: 절판 구조

기둥이 없는 넓은 대공간을 구현하는 방법 중, 판을 꺾어서 접는 절판구조가 있다. 접고 구부리는 접기folding의 원리는 오래전부터 존재했다. 나뭇잎, 꽃잎, 곤충의 날개, 조개껍질 등 여러 생물에서도 접기의 원리를 볼 수 있다. 절판구조를 사용하는 이유는 첫째, 구조적 효율성 때문이다. 절판구조는 보로 이루어진 건축물보다 상대적으로 얇은 판으로 넓은 경간을 확보해 뛰어난 구조적 효율성을 제공한다. 접힌 형상은 판의 하중 지지력을 향상시켜 휨에 효과적으로 저항할 수 있으며 이는 재료의 절감과 공사비를 잠재적으로 절감할 수 있다. 둘째, 건축적 가능성 때문이다. 절판구조는 건축적 유연성과 미적 매력을 담고 있다. 직선 또는 곡선의 접힌 모습은 건축가의 창의적이고 혁신적인 디자인 감각을 보여준다. 접는 각도, 치수 및 곡선을 포함한 다양한 판 모양의 조합을 통해 흥미로운 기하학적 패턴과 형태를 만들어 독특하고 시각적으로 눈에 띄는 건축물을 만들 수 있기 때문이다. 또한 접힌 표면의 입체적인 형상으로 인한 빛과 그림자의 깊이감을 통해 역동적인 시각적 효과를 낼 수 있다. 시각적으로 흥미로운 형태, 빛과 그림자 효과, 독특한 공간 경험의 창출 가능성 등이 건축가들에게 매력적인 구조형식으로 다가가는 것이다.

접힌 판 구조의 기본원리는 종이접기로 쉽게 이해할 수 있다. 평평한 종이를 양쪽 지지점에 걸쳐두면 자중에 의해서 가운데 처짐이 발생하지만, 종이부채를 만들 듯 접으면 강성을 띤다. 일반적으로 접기를 통해 자중의 100배에 달하는 무게를 견딜 수 있다고 한다. A4종이 한 장을 접으면, 100장의 A4종이 무게를 견딜 수 있는 것이다. 이러한 하중지지 시스템은 특정 선을 따라 접고 구부린 연속된 판들로 구성되며, 실제 건축물에서는 철근콘크리트나 강철 또는 목재로 만들어 연속된 판들이 이어진 모습으로 배열된다. 일반적으로 접힌 측면은 보와 슬래브의 역할을 동시에 할 수 있도록 V자나 삼각형의 모습이 되고, 때로는 사다리꼴 또는 다각형의 모양이 되기도 한다. 절판구조에서는 접힌 판의 구성을 통해 구조가 더 넓은 영역에 걸쳐지므로 하중을 효율적으로 분산할 수 있다. 접힌 판은 구조

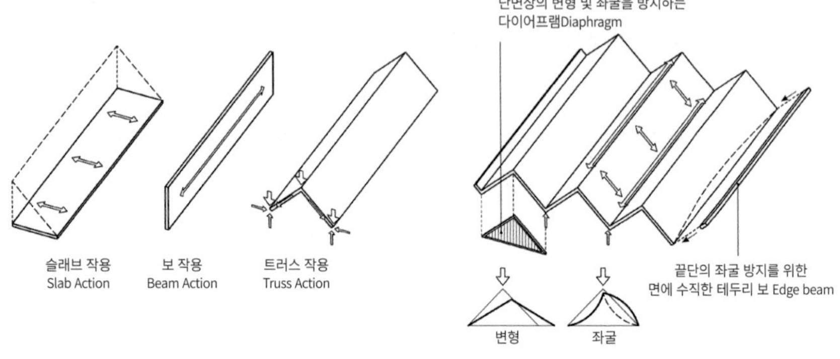

절판구조의 원리: 슬래브와 보 역할의 결합

물 자체의 무게, 활하중, 풍하중 또는 지진력과 같은 수직 및 수평 하중을 전달할 수 있는 깊은 보 역할을 하게 된다. 접힌 판 구조는 판과 접힌 가장자리의 상호 작용으로 강성과 안정성을 얻게 되는데 접힌 가장자리는 깊은 보 역할을 하며 굽힘 및 비틀림 힘에 저항한다.

접기의 패턴

절판구조는 종이접기와 유사하기 때문에, 일본의 종이 공예를 뜻하는 오리가미origami가 많이 인용된다. 오리가미는 일본어로 '접기'를 의미하는 ori와 '종이'를 의미하는 kami의 합성어로 '종이접기'를 뜻한다.

이러한 종이접기에 수학자와 기술자들이 관심을 두었다. 수학자들은 종이접기 패턴의 접힘성과 패턴이 전개됨에 따라 나타나는 기하학적 측면에, 기술자들은 종이접기 패턴이 가지고 있는 강성에 관심을 두어 이러한 패턴을 매개변수화하여 새로운 구조물로 발전될 수 있는 가능성에 집중했다. 수많은 종이접기의 패턴 중에 건축 및 구조에 적용하는 주요한 패턴은 세 가지인데, 요시무라 패턴

구조, 보이지 않는 건축

Yoshimura pattern, 미우라 오리 패턴Miura Ori pattern 그리고 대각
선 패턴Diagonal pattern이다. 이 세 가지 패턴은 단순한 아코디언 접
기와 역접기의 조합을 기반으로 하는데, 직선형 계곡접기(위쪽으
로 접는 방식)와 산접기(아래쪽으로 접는 방식)가 역접기reverse fold
로 구부러져 단순한 곡면을 형성할 수 있기 때문이다. 이것이 아코
디언처럼 연속된 주름을 생성하고, 역접기를 통해 반대 방향으로 힘
을 지탱해주어 단단하게 지지될 수 있도록 한다. 첫 번째, 다이아몬
드 패턴으로 불리는 요시무라 패턴은 대각선 중 하나가 다이아몬드
모양으로 접힌 것이다. 두께가 얇은 원통이 위에서 수직으로 내려오
는 압축하중 하에서 이러한 다이아몬드 형태의 좌굴 패턴을 보이는
것을 관찰한 일본 과학자의 이름을 따서 명명되었다. 이 패턴은 한
방향의 모든 평행 대각선이 골 주름과 산 주름의 역방향 접힘을 통
해 만들어지며 따라서 연속된 원 또는 포물선과 같은 곡선을 만들어
나갈 수 있다. 두 번째, 미우라 오리 패턴은 역방향 접기를 반복하
여 다이아몬드 패턴이 되는 방식이다. 역방향 접기를 반전하는 대신
주 주름이 지그재그 선을 나타내도록 일렬로 반복되어, 청어의 뼈와
같은 형상을 만든다고 해서 헤링본 패턴Herringbone으로도 불린다.
이 패턴은 두 방향으로 접히는 지그재그 모양의 주름이 특징으로 이
를 통해 패턴을 양방향으로 확장하고 축소할 수 있게 되어 요시무라
패턴에 비해 형태적인 유연성을 가질 수 있다. 마지막, 대각선 패턴
은 기본적으로 대각선으로 접힌 평행사변형이다. 평행 위치에서 가
장지리가 대각선 위로 향하게 되며 일련의 접힌 평행사변형은 나선
형으로 왜곡된 접힘을 형성한다. 요시무라 패턴과 유사하게 두께가
얇은 원통형 셸이 뒤틀려 압축될 때 유사한 좌굴 패턴이 나타나며,

3가지 주요 접기 패턴

차이점으로는 다이아몬드 패턴의 골 주름은 평면적인 다각형 선을 형성하는 반면, 대각선 패턴의 골 주름은 나선형의 다각형 선을 형성한다는 점이며 이 때문에, 하나의 방향으로 형태를 만드는 요시무라(다이아몬드) 패턴에 비해 대각선 패턴은 나선형의 왜곡된 형태를 만들어낸다.

이 세 가지 이외에도 수많은 패턴들이 있으며 이러한 패턴이 새롭게 주목받는 것은 구조적으로 활용되는 절판구조의 원리를 넘어 많은 건축가들이 입체적 패턴을 구현하는 방법으로 활용할 수 있기 때문이다. 인테리어의 벽면에 이러한 패턴을 적용해 반복적이고 입체적인 이미지를 구현하거나, 격자 쉘과 같은 곡선의 지붕구조물을 덮는 입체적이고 복잡한 형태를 만들 수도 있다. 특히 디지털기술을 통한 디자인과 제작이 가능해지면서 사용 범주가 확장되고 있다. 또한 이러한 접힘과 펼침의 원리를 활용하여 움직이는 파사드kinetic facade를 구현하여 실내공간에 빛의 유입을 조절하기도 한다.

넓은 경간을 위한 구조

지금까지 설명한 내용을 요약해 보면, 넓은 경간을 위한 구조는 크게 인장력과 압축력을 모두 갖는 휨에 저항하는 구조와 순수 인장력 또는 순수 압축력을 받는 케이블형funicular 구조 두 가지로 분류

구조, 보이지 않는 건축

할 수 있다. 휨에 저항하는 구조는 보, 거더girder, 트러스, 양방향 트러스, 스페이스 트러스 등의 선형적인 요소들이 휨에 저항하며 경간을 넓히는데, 앞서 이야기한 대로 재료와 방식에 따라 차이가 있지만 기본적으로 더 넓은 경간을 위해선 부재가 더 커져야 하는 문제가 있다. 반면 케이블형 구조는 휨이 발생하지 않는 형태저항구조와 동일한 원리로 순수한 인장 상태로 안정화되는 늘어뜨린 구조, 처진 구조, 순수한 장력으로 작용하는 막구조 등이 해당된다. 이러한 구조는, 휨에 저항하는 구조와 비교하여 형태에 저항하는 구조로 기능적으로는 구조재료의 양과 부피를 줄여주며, 미학적으로는 독특한 형상을 구현할 수 있다.

전망을 위한 경간

물리적·시각적 장애물이 없는, 기둥이 없는 무주공간에 대한 건축가들의 염원은 결국 건축물에서 보여주려는 어떠한 전망에 대한 의지라고 볼 수 있다. 이는 대규모의 사람들이 모이는 대공간에서 가시성을 확보하기 위한 기능적인 해결책일 수도 있고, 상대적으로 작은 규모에서도 건축가가 의도한 전망을 구현하기 위한 선택일 수도 있다. 강당, 공연장, 경기장, 전시공간 및 공장과 창고, 그리고 비행기와 같이 대형의 물체가 들고나는 격납고 등이 기능적으로 넓은 경간을 요구하는 경우라 할 수 있다. 반면 미적 관점에서 볼 때, 넓은 경간은 내부 지지 기둥이 없기 때문에 탁 트인 전망과 풍부한 자연 채광이 가능하며, 내부와 외부가 연속되는 개방적인 공간과 구획되지 않은 하나의 넓은 공간을 만들어냄으로써 시각적으로도 인상적인 전망을 연출할 수 있다.

사르수엘라 경마장   Hipódromo de la Zarzuela
에두아르도 토로하   Eduardo Torroja
               1941년 완공
경마장   RACECOURSE
스페인 마드리드   MADRID, SPAIN

콘크리트 물결지붕, 에두아르도 토로하의 '사르수엘라 경마장'

에두아르도 토로하Eduardo Torroja(1899~1961)는 1899년 스페인의 마드리드에서 태어나 토목을 전공했다. 그는 토목 공학 및 구조 설계 분야의 혁신적인 작업으로 20세기 건축과 구조 기술 분야에 영향을 준 구조기술가이자 건축가이다. 경력 전반에 걸쳐 교량, 고가교 등의 토목구조물과 건축물을 포함한 다양한 프로젝트에 참여하면서 독특한 아이디어를 제안하였다. 주목할 만한 업적 중 하나는 얇은 콘크리트 쉘 구조이다. 그의 접근방식은 기능성과 미학을 모두 강조하며 공학적 원리와 건축적 아름다움 사이에서 조화를 추구하였다. 시각적으로 인상적일 뿐만 아니라 구조적으로도 효율적인 쉘 구조를 만들기 위해 여러 재료로 실험하고, 특히 철근콘크리트를 광범위하게 사용하였다.

토로하는 1932년 알헤시라스Algeciras 시장 홀market hall을 위해 8개의 기둥으로 지지되는 반구형 쉘을 설계하였다. 이 47.5m의 반구형 지붕은 단지 9cm 두께의 콘크리트로 만들어졌으며 프리스트레스 콘크리트 기술을 적용한 것으로 토로하의 첫 번째 콘크리트 셸 구조이자 토로하의 걸작으로 여겨진다. 또한 모로코 페달라Fedala(현재의 모하메디아Mohammedia)의 급수탑도 이 기술을 통해 물탱크(저수조)와 배관의 수밀성을 확보하면서도 원하는 구조적 해답을 찾았다. 급수탑은 수직 포물선 쌍곡면의 모양으로 프리스트레스 콘크리트를 통해 형태를 구현하고 리브rib의 고정을 외부에서 보이지 않도록 하여 구조적 기능성과 미감에 부합하는 부드러움과 단순성을 구현할 수 있었다.

토로하는 건축가이자 구조기술자일 뿐만 아니라 연구와 교육에도 관심이 많았다. 토목 구조물의 기술 혁신을 연구·개발하는 비영리 조직을 결성하고 저널을 만들었으며 구조공학에 대한 통찰력과 연구를 공유하면서 많은 논문과 책을 출판하였다. 1958년에 출판된 주요 저서인 『구조의 철학Philosophy of Structures』과 작업을 묶은 『에두아르도 토로하의 구조물들: 공학적 업적에 관한 자서전 The Structures of Eduardo Torroja: An Autobiography of Engineering Accomplishment』은 여러 세대의 기술자와 건축가들에게 영향을 미쳤으며 디자인과 구조에 혁신적인 방법을 탐구하도록 영감을 주었다. 토로하는 또한 구조가 디자이너의 개성을 따라야 한다고 생각했으며 구조를 바라보는 새로운 시선과 방법뿐만 아니라 미적 측면을 희생하지 않으면서 구조의 강도를 확보하는 방법에 주력하였다. 그의 이러한 비전은 구조 설계 분야에서 점차 사라지고 있는 예술형식에 대한 관심을 새로이 환기시켜 주었다.

 구조, 보이지 않는 건축

마드리드의 사르수엘라 경마장

　사르수엘라 경마장Hipódromo de la Zarzuela은 1934년 공모전을 통해 두 명의 건축가와 토로하가 협업하여 디자인하였으며 스페인 내전으로 건축이 중단되었다가 1941년 완공되었다. 구조기술자로 협업한 토로하의 기여도가 건축가보다 컸기 때문에 이후엔 그의 작품으로 알려지게 되었다. 특히 사르수엘라 경마장의 지붕은 철근 콘크리트를 독특한 방식으로 사용한 상징적인 구조물이 되었다.

　토로하가 제안한 경마장은 무엇보다 관람객과 경주장 사이에 시각적인 장애가 없는 탁 트인 전망의 관람석이 특징이다. 또한 관중을 위해 방목장, 배팅장, 경마장으로 시선이 열린 연속적인 상부 산책로를 계획하여 효율적인 이동동선과 공간을 계획하였다. 경마장의 관중석은 일렬로 배치된 세 개의 건물로 이루어져 있으며 가운데

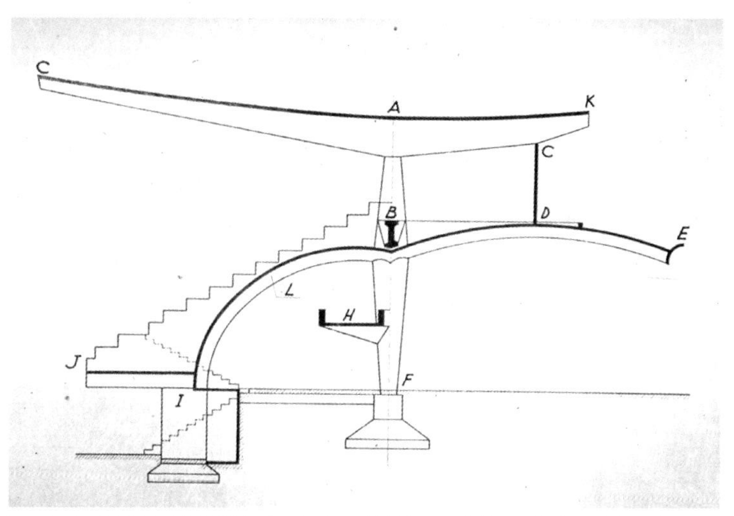

지붕 요소 CK는 관중석 상부를 덮는 캔틸레버로서 주 지지대인 AB에 관절형 구조로 연결된다. 이 지지대는 장선(타이로드) CD에 의해 전도(넘어짐)가 방지되며, 동시에 갤러리 BD의 하중과 돌출된 하부 배팅실의 지붕 DE의 하중도 상쇄된다.

사르수엘라 경마장 단면 개념

길이 30m, 양쪽 각 60m의 건물로 되어 있다. 이 세 블록은 개방형 아케이드를 통해 연결되고 연속적인 상부 산책로로 이어진다. 양쪽 스탠드는 12개의 모듈로, 중앙부는 5개의 모듈로 되어 있다.

사르수엘라 경마장은 무엇보다 관람석을 덮고 있는 곡선 모양의 연속된 쉘 구조의 캐노피 지붕으로 유명하다. 철근콘크리트로 된 얇은 곡면이 반복되며 만들어내는 아름다움이 가장 인상적이다. 이 지붕은 관람석에 기둥이 없는 캔틸레버 구조이며 아치 모양의 쌍곡선 곡면으로 만들어졌다. 지붕의 바깥쪽 가장자리의 두께는 5cm에 불과하며 뒤쪽 기둥 영역에서는 65cm로 두꺼워지며 균형을 잡는다. 보나 리브 없이 곡면으로 힘을 전달하며 5m간격으로 모듈화되었다. 이 천막과 같은 철근콘크리트 지붕은 지지하는 기둥 영역에서부터 경주장 방향으로 12.80m까지 뻗어간다. 이 곡면지붕의 구조는 쉽게 이야기해서 한 장의 종이를 손에 쥐고 오목하게 구부리면 힘을 받는 원리이다. 절판구조처럼 구부러짐에 의해 강성을 확보하고, 실제 구조에서는 지지점으로 갈수로 두께를 두껍게 해 가장 얇은 끝에서부터 점차적으로 힘을 전달하는 방식이다. 이는 블라디미르 슈호프가 수직으로 세워 사용한 쌍곡면을 지붕모듈에 적용하고 곡률

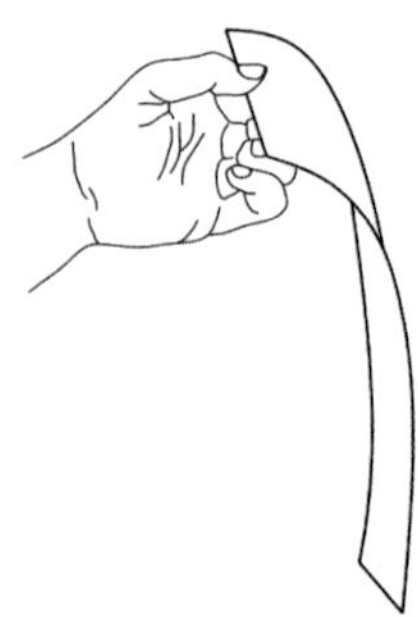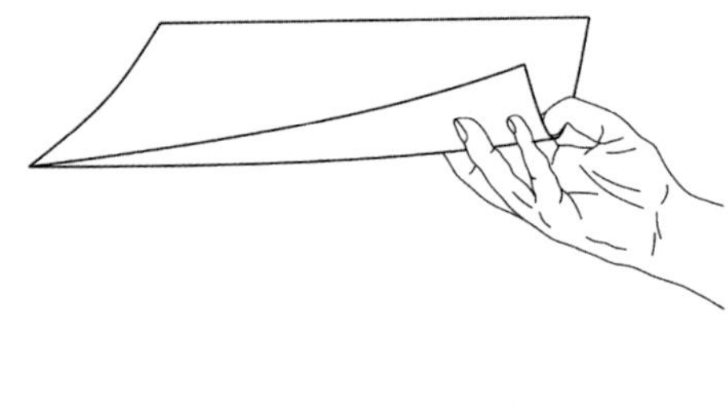

사르수엘라 캔틸레버 지붕의 곡선 접힘 개념

구조, 보이지 않는 건축

과 두께를 계산하여 완성하였다. 디자인의 우아함을 유지하면서 하중 지지력을 극대화한 방식으로 보나 리브, 또는 보강재 없이 연속된 곡선의 수려한 캔틸레버 지붕을 만들 수 있었다. 또한 전체 경마장 건축물의 단면상 비대칭성을 통해 상부의 지붕과 하부의 볼트 모양으로 구성된 공간의 균형을 유지하면서 결과적으로 단순한 하나의 단면구조로 구조적 복잡성을 피해 아름다운 비율로 완성됐다.

토로하는 건축이 태생적으로 물리적 현상, 즉 정역학의 법칙을 벗어날 수 없기 때문에 그 아름다움은 본질적으로 구조의 합리성과 진정성에 기초해야 하며 부가적인 요소나 외부의 장식 없이 만들어야 한다고 생각하였다. 그리고 끈질긴 노력과 실험을 통해서만 건축의 아름다움을 성취할 수 있다고 언급한 바 있다. 토로하는 사르수엘라 경마장처럼 철근콘크리트의 혁신적인 사용으로 구조적 효율성과 건축적 아름다움을 조화롭게 이루어낸 것으로 유명하지만, 이전부터 여러 재료에 대한 탐구에 몰두하고 있었다. 단지 시대적으로 스페인 내전을 겪으며 강철의 공급이 원활하지 않아, 철근콘크리트로 구현 할 수 있는 구조물에 좀 더 집중한 것으로 보인다. 실제로 사르수엘라 경마장의 초기 제안은 금속(철)이었지만, 추후에 철근콘크리트로 변경하여 진행되었다.

수십 년간 방치되어 노후화된 경마장은 2004년에 리모델링 공모를 통해 당선된 건축가 헤로니모 훈케라Jerónimo Junquera가 원래 계획안을 복원하고 유지할 수 있는 방향으로 완성하였다. 더불어 에두아르도 토로하의 박물관Museo Eduardo Torroja이 바로 이 경마장 아래에 있으며, 토로하의 주요 작품들의 모형과 도면 및 연구 자료들이 현재 전시되어 있다.

IV

구조의 혁신, 혁신의 건축

자연에서 배운 구조

"자연의 구조는 최소한의 재료로 최대의 강도를 가질 수 있도록 최적화되어 있다."

우리는 자연이 만들어낸 것들을 보면 자연스럽다고(때로는 자유스러워 보인다고) 느끼며 이를 유기적인 형태라 부르곤 한다. 유기적organic이라 함은, 인공적인 기하학에서 벗어나 불규칙성을 띠며 직선이 아닌 곡선으로 이루어진 형태라 할 수 있다. 그렇다면 자연의 구조 또는 형태는 왜 그러할까? 아쉽게도 우리는 자연의 창조물들이 왜 그러한 형태를 띠게 되었는지 알지 못한다. 하지만 각각의 형태가 그것들이 필요로 하는 힘과 그 힘에 대한 반작용에 대응해 가장 잘 기능할 수 있도록 만들어졌다는 것은 알 수 있다.

영국의 유명한 생물학자인 다아시 웬트워스 톰슨D'Arcy Wentworth Thompson은 유명한 저서인 1917년 출판된 『성장과 형태에 관하여On Growth and Form』을 통해, 자연의 식물과 동물들의 형태 발생morphogenesis을 과학적이고 수학적인 해석을 통해 제시하였다. 생물학적 진화에 대한 이야기를 하려는 것은 아니지만 이 생물학자가 이야기한 "물체의 형태는 작용력의 도해다 The form of an object is a diagram of forces"라는 언명으로나마 자연이 얼마나 효율적인 방식으로 최적화된 형태를 만들어 가는지 짐작해 볼 수 있다. 다아시 톰슨은 자연의 힘은 매우 복잡하고 불규칙하며 균일하지 않기 때문에 자연구조의 시스템은 이러한 영향에 가장 적합한 방식으로 저항하도록 스스로 조정되었다고 보았다. 자연이 오랜 진화과정을 통해 최선의 방법을 찾아 물질과 잠재적 에너지를 최소화하려고 시도했다고 본 것이다.

"for it will profit the individual not to have its nutriment wasted on building up a useless structure".

"쓸모없는 구조를 만드는 데 영양분을 낭비하지 않는 것은 개체에게 유익하기 때문이다."

구조디자인과 관련해서 생각해볼 때, 자연 구조의 최적화는 어떤 특정한 차원의 견고성과 안정성을 위한 공통작용의 결과물로 볼 수 있으며, 이러한 방식은 구조에서 흥미롭게 탐색해 볼 가치가 있다.

자연을 따라한 건축가 가우디

자연의 모습과 원리에 대한 동경으로 자연을 모방하는 태도는 인류사의 초기부터 있었으며, 이를 일컫는 '자연모방Biomimicry'이란 말은 생명을 뜻하는 'bios'와 모방이나 흉내를 의미하는 'mimesis'라는 두 그리스어 단어에서 유래했다. 이 개념이 근현대 건축물에 본격적으로 등장한 것은 안토니 가우디의 작품과 연구에서 이다. 자연에서 많은 영감을 받았던 가우디의 작업 중에는 단순한 자연 형태를 일차원적으로 모사模寫한 것도 있지만, 이후에는 자연의 생성과 작동원리를 연구하여 건축물의 구조로까지 발전시킨 혁신적인 건축가임에는 분명하다. 그는 자연의 사물이 주변 환경과 중력에 대응하는 방식을 연구하여 건축물의 구조에서도 힘의 흐름이 느껴지는 건축물을 디자인하였다. 대표적으로 현수모형을 사용하여 만든 사그라다 파밀리아 대성당Templo Expiatorio de la Sagrada Familia이 있다. 사그라다 파밀리아 대성당을 비롯한 그의 건축물 중 7개가 유네스코 세계문화유산에 등록될 정도로 그는 20세기가 낳은 가장 독특하고 천재적인 건축가로서, 그만의 독창성으로 대중에게도 널리 알려져 있다.

가우디의 건축물에는 직선이 거의 존재하지 않는데 '자연에는 직선이 존재하지 않는다.'라는 괴테의 생각에서 영향받은 것으로 보인다. 가우디의 건축물에서 보이는 동식물의 형상들이 일차원적인 모사를 통해 만들어진 이미지라면, 구축물로서 중력에 어떻게 대응해야 하는지에 대한 고민은 현수모형을 통해 구현된다. 가우디는 콜로니아 구엘 지하 예배당Cripta de la Colònia Güell을 디자인하기 위해 이 모형을 통한 설계에만 10여 년의 시간을 보낸 것으로 알려졌다. 늘어뜨린 선들과 납을 섞은 작은 모래자루로 무게를 달아 실제 구조물에 가해지는 하중을 확인하며 사진을 찍고, 뒤집어놓고 그 모양을 따라서 그려가며 생각을 발전시켜 나갔다. 자연의 겉모습을 따라하던 단계에서 자연이 중력과 힘에 대응하는 원리를 이해하고 건축물에 적용하는 차원에 이른 것이다.

자연의 구조

자연의 구조와 건축물의 구조를 직접적으로 비교하는 것은 그 기능이 다른 만큼 쉽지 않다. 가장 분명한 차이점은 자연, 특히 생물체의 구조는 일반적으로 동적이며 다양한 동작에 최적화되는 반면 건축물에서는 주로 움직이지 않는 또는 움직이지 않게 하는 정적인 시스템을 다룬다는 것이다. 그럼에도 모든 자연의 산물과 인공의 물체들은 중력과 외부의 영향에 대항하는 구조를 갖추고 있으므로 형상의 모사에서 더 나아가 생성과 형태의 원리를 찾아 적용해볼 필요성이 있다.

건축과 관련하여 가장 쉽게 떠올려볼 수 있는 자연의 구조는 '나무'이다. 자연과 건축물의 큰 차이점은 자연의 구조는 무거운 하중을 견디도록 의도되지 않았다는 점이다. 나무는 하나의 줄기에서 상부로 뻗어나가 잎의 기능에 필요한 만큼의 표면적을 확보하려 한다. 이는 상부로부터의 하중을 아래로 전달하는 건축물의 구조와는 차이가 있다. 그러나 이러한 나무의 형태는 단순한 모방의 대상을 넘어서 구조와 기능의 측면에서 활용해볼 수 있는 상상력을 자극한다.

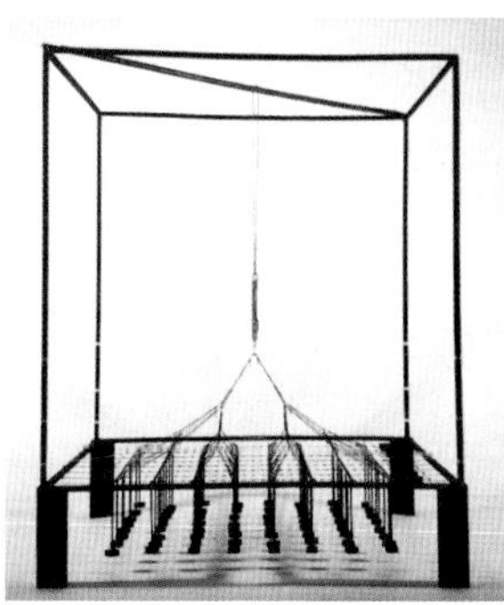

프라이 오토의 나무구조의 실험

나무의 구조가 가장 많이 응용되는 것은 넓은 지붕을 설계할 때이다. 일반적으로 넓은 경간의 지붕을 지지하는 경우, 보가 처지지 않게 하려면 상당한 두께를 가져야 한다. 또한 수직의 기둥과 수평의 보가 만나는 지지점만으로는 전체적인 구조가 불안정하다. 나무의 가지들이 하나의 줄기에서 여러 가지로 펼쳐지는 모습처럼 넓은 경간을 여러 개의 가는 버팀대들이 하나의 기둥으로 합쳐져 지지하는 것이 나무구조이다. 이를 통해 전체적인 구조 시스템은 안정화되고 상대적으로 적은 양의 구조재료와 얇은 자재를 통해 원하는 건물을 구현할 수 있다는 장점이 있다. 몇 개의 보와 기둥에 집중되어 가해지는 하중을 여러 개의 얇은 가지들로 분산하여 지지하는 것이다. 이는 일직선상에서 일어나는 선형적인 구성뿐만 아니라 360도를 회전시킨 입체적인 구성에도 적용할 수 있다. 또한 현수모형과 같이 힘의 흐름을 유도하면 압축력만 받는 구조물로 만들 수도 있다.

보로노이 다이어그램

우크라이나에서 태어난 러시아의 수학자 게오르기 보로노이 Georgy Voronoy(1868~1908)의 이름을 따서 명명된 보로노이 다이어그램Voronoi Diagram은, 특정한 점을 기준으로 하여 가장 인접한 점들의 집합으로 평면을 분할한 것이다. 이 다이어그램의 가장 큰 특징은 반복과 중첩이 되지 않는 수학적 규칙성을 기반으로 한 공간 분할이며, 또한 각 점을 기준으로 생성된 영역인 셀은 점에서 가장 가까운 영역으로 나뉘므로 최적화된 분할로 볼 수 있다.

수학적으로 설명이 가능한 이 같은 면 분할이 흥미로운 점은 보로노이 패턴을 자연에서 쉽게 발견할 수 있기 때문이다. 미세하게

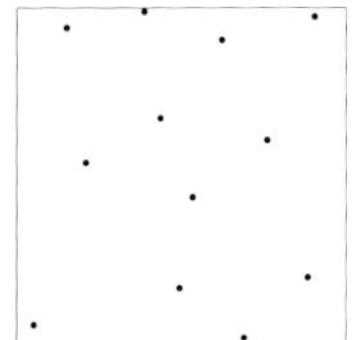

점의 영역
일정한 영역에 무작위로 점을 찍는다.

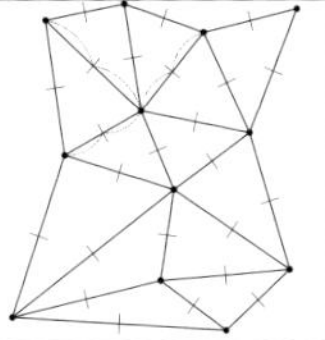

삼각망
점들 중 가장 가까운 두 점을 선분으로 연결하여 삼각망을 생성한다. 어떤 삼각형도 외접원의 내부에 다른 점을 포함하지 않도록 구성하면, 들로네 삼각분할 Delaunay triangulation이 된다.

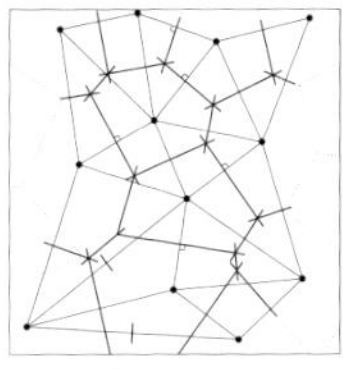

수직이등분선
각 선분에서 수직이등분선을 그리면, 그 결과 다각형이 만들어진다.

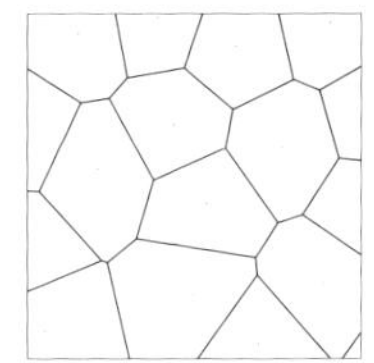

보로노이 패턴 생성
각 점마다 보로노이 셀Voronoi cell을 형성한다. 이 셀은 해당 점에서 가장 가까운 영역을 정의하는 2차원 다각형이다.

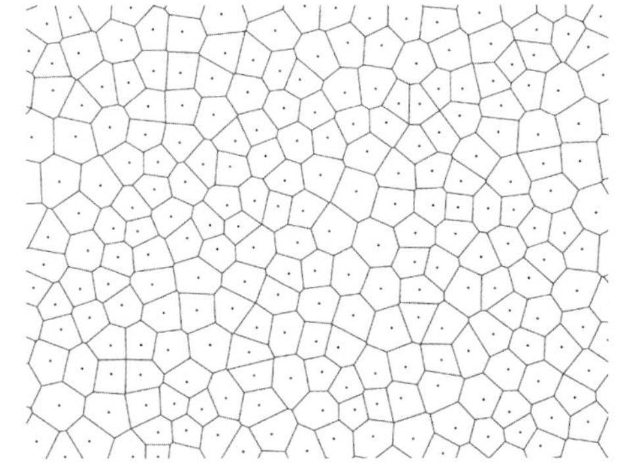

보로노이 다이어그램 생성원리 및 패턴

들여다본 방산충radiolarian이나 양파껍질의 세포부터 육각형의 벌집과 거북이의 등, 기린의 피부 패턴, 그리고 마른 땅이 갈라지는 패턴과 거품이 만들어지는 모습 등이 대표적인 예이다. 이처럼 보로노이 다이어그램이 자연의 많은 부분에 존재하는 이유는 바로 효율적인 모양을 형성하기 때문이다. 규칙적인 패턴을 가지고 있는 벌집은 최적의 구조로 자연의 최적화 과정을 보여주는 완벽한 예이다. 벌집을 만드는 재료인 왁스의 소모를 최소화하면서 최대한 많은 양의 꿀을 담을 수 있는 구조이며 서로 동일한 상대적 거리에서 동일한 영역을 사용하려는 벌들이 만들어낸 육각형 패턴은 가장 기본적인 보로노이 다이어그램의 원리를 나타낸다. 이 패턴은 자발적으로 성장해갈 수도 있는데, 기린의 피부는 배아일 때 색소를 형성하는 멜라닌 세포가 분포되어 있다가 임신 기간 동안 멜라닌을 방출하여 바깥 피부에 방사된다.

그렇다면 왜 근래 들어 건축가들과 디자이너들이 이 보로노이 다이어그램에 주목할까? 이 다이어그램을 활용하여 자신의 디자인을 더욱 유기적으로 만들 수 있기 때문이다. 보로노이 다이어그램은 공간의 표면을 반복해서 분할하는 시스템이다. 이 다이어그램에서는 점을 사용하여 셀을 만드는데 점은 자연스럽게 배치되거나 특정 데이터 방향으로 결정되어 그에 따라 면을 분할하게 되며 이는 비규칙적이고 유기적이며 자유로운 형상을 구현할 수 있다. 완만한 표면에서는 격자의 패턴으로 면을 분할하는 것이 일반적이지만 3차원의 형상에서는 이러한 셀을 사용하는 것이 더 자유롭다. 입체적인 형상

자연에서 나타나는 보로노이 패턴

구조, 보이지 않는 건축

보로노이 다이어그램을 적용한 독일 슈투트가르트 대학의 ICD/ITKE 리서치 파빌리온
ICD/ITKE Research Pavilion(2011)

에서 무작위 지점 간의 연결 패턴을 실현하려면 다양한 제약조건을 고려해야 하는데 가장 중요한 점은 선들이 교차해서는 안 된다는 것이다. 이 간단한 조건은 전체 표면을 교차하지 않는 n각형으로 세분화하는 것을 어렵게 한다. 이러한 경우 선을 연결하고 분할하는 방식보다 셀로 분할하는 것이 훨씬 더 편리하며 입체적인 형상을 만드는 것도 더 수월하며 불규칙성으로 인해 유기적인 형상을 얻을 수 있다. 기술과 소프트웨어의 발전으로 파라메트릭 디자인의 활용이 보편화되면서 보로노이 알고리즘을 적용하여 비정형적이지만 질서 있는 패턴을 생성하여 보다 유기적이고 자연스러운 패턴을 얻어낸다. 이를 통해 자유로운 형태free-form의 건물의 외관과 무작위로 보이지만 효율적인 패턴을 수용하는 다양한 건물들이 나타나고 있다.

뮌헨 올림픽 경기장   Olympiastadion München
프라이 오토, 귄터 베니슈   Frei Otto, Günther Behnisch
    1972년 완공
경기장   STADIUM
독일 뮌헨   MUNICH, GERMANY

프라이 오토의 최소한의 건축을 위한 형태 찾기

　필자가 프라이 오토의 작품을 처음 접한 것은, 1996년 유럽배낭여행에서 만난 뮌헨 올림픽 경기장Olympiastadion München이었다. 햇빛에 반사되어 찰랑이는 곡선지붕의 아름다움은 지금도 깊은 인상으로 남아있다. 방문할 당시에는 독일 건축가였던 귄터 베니쉬Gunter Behnisch의 작업으로 알고 찾아갔으며 프라이 오토는 협업한 기술자 정도로 생각하였다. 프라이 오토를 알게 된 것은 영국에서 공부하면서 접하게 된 책『형태찾기: 미니멀한 건축을 향하여 Finding Form towards an Architecture of the Minimal』를 통해서다. 그전까지 막구조 전문가 정도로 알고 있던 필자의 생각은 이 한 권의 책을 통해 완전히 바뀌었고, 구조디자인에 관심을 두게 된 계기가 되었다.

　독일의 건축가이자 구조기술가인 프라이 오토는 경량 및 인장구조 분야의 선구적인 인물로 잘 알려져 있다. 2015년 사망하기 직전에 건축의 노벨상인 프리츠커상을 수상했으며 60여 년 동안 이어진 경량 구조에 대한 연구와 프로젝트는 지금까지도 건축계에 지대한 영향을 주고 있다. 무엇보다 오늘날 건축계의 주된 화두인 '지속 가능성'이 대두되기 이전부터 오토는 최소한의 재료와 에너지로 공간을 만드는 방법을 모색하였다. 또한 물체를 생성하는 물리적·생물학적·기술적 과정에 대한 이해와 실험에 대한 중요성을 강조하였다. 비눗방울, 거미줄 등 자연에서 쉽게 볼 수 있는 형상을 인공의 구조물로 구현한 섬세하고 우아한 결과물은 오토의 철학을 극명하게 보여준다. 그는 건축가, 구조기술자, 연구자, 교육자였으며 형태의 발명가이자 발견자였다. 또한 그의 깊은 사유는 그를 환경론자, 인문주의자로 기억하게 한다. 오토의 거의 모든 작품은 다른 전문가들과의 협업으로 만들어졌다. 반 시게루와 협업한 2000년 하노버 엑스포의 일본관이 대표적이며 버크민스터 풀러와는 거대 돔에 대한 의견을 나누었던 친구로 알려졌다.

오토는 1960년대 나무구조에서 영감을 받은 분기branch 개념을

몬트리올 세계박람회 독일전시관

통해 대형 평지붕을 지지하는 최적화된 구조를 제안했으며, 1967년 캐나다 몬트리올에서 열린 세계박람회의 독일(서독)전시관으로 주목받았다. 이의 확장판으로서 비누거품의 최적화 원리를 반영한 뮌헨 올림픽 경기장의 지붕으로 세계적인 명성을 얻게 되었다. 또 다른 대표작인 1974년 만하임 멀티홀에서 볼 수 있는 목재 격자 쉘은 매달린 모형을 통한 형태 찾기의 구조방식과 단순화된 공법을 통해 유연하며 기둥 없는 자유로운 공간을 만들어 냈다. 오토의 모든 프로젝트는 자연에서 보이는 원리들을 실험하여 최소한의 비용과 재료를 통해 여태껏 보지 못했던 전혀 새로운 공간을 제안했다.

자연과 실험을 통한 가벼움

프라이 오토는 기본적으로 건축행위 자체가 자연을 파괴하며 우리가 너무 많은 건물을 만들어낸다고 생각했다. 공간과 땅, 자원과 에너지를 낭비하여 자연과 인공구조물 간의 대조가 더욱 커져간다고 믿었다. 오토에게 좋은 건축은 아름다운 건축보다 더 중요했으며 아름다운 건축이 꼭 좋은 건축은 아니었다. 윤리적으로 좋은 건축이 미적으로도 아름다우면 좋겠지만 두 가지가 모두 쉽게 얻어지지는 않는다. 이러한 '좋은 건축' 철학을 바탕으로 프라이 오토는 구축의 문제에 집중했다. 구축은 건축물을 세우는 구조뿐이 아니라 사용하는 재료와 만드는 방식까지 고려된다. 최소한의 재료로 최대한의 구조적 기능을 만들 수 있으며 더 적은 에너지로 만들 수 있는 '가벼운 구조'가 그의 철학을 담아내는 주제가 되었다.

오토는 '가벼운 구조'를 위해 자연에 대한 탐구와 실험에 몰두하면서 많은 영감과 원리를 습득했다. 그의 실험대상은 미세한 셀cell

에서부터, 자연현상, 동식물, 비누거품 등을 망라했다. 그 결과는 텐트, 네트, 쉘, 나뭇가지 분기, 공기막 등 다양한 건축물 구조로 만들어졌다. 그의 의도는 자연에서 모방할 형태를 찾는 것이 아니라 형태 생성의 자연스러운 과정을 이해하는 것이었다. 그의 실험은 최소한의 재료로 최대의 효율성을 수반하는 물리적 자기형성 과정self-forming process에 의해 형태가 결정되는 자연의 현상과 물질을 대상으로 한다. 이는 오토의 책 제목의 '형태 찾기Finding Form'라는 표현처럼 어떤 의도를 가지고 디자인된 것이 아니라 생성원리에 따라 '찾아지는' 것이며 이러한 자연 속의 원리가 반영된 형태는 그 자체로 미적 아름다움을 가질 수 있게 되는 것이다.

그의 탐구와 실험은 크게 두 가지로 분류할 수 있는데, 힘(하중)

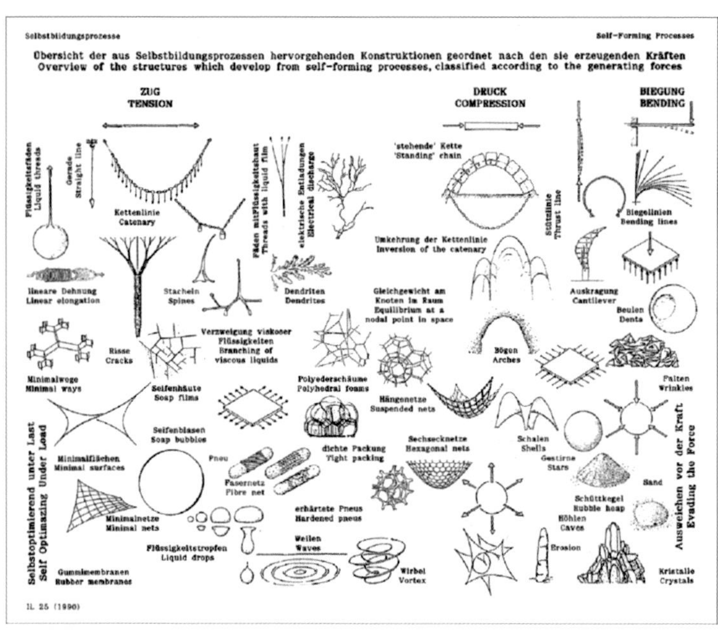

형태의 자기형성 과정

　　　　　구조, 보이지 않는 건축

에 의해 만들어지는 형태, 그리고 최적화를 위한 최소화 시스템으로 볼 수 있다. 첫 번째는 형태저항구조와 같은 원리로 자중에 의해 발생하는 처짐을 활용하여 만들어지는 막구조나, 현수모형으로 만들어진 인장 상태의 형상을 뒤집어 쉘 구조로 만드는 방식이다. 만하임 멀티홀이 그 대표적인 사례인데, 2차원적인 선형의 케이블을 활용한 가우디와 달리 3차원적인 면으로 작업한 오토의 만하임 멀티홀은 훨씬 더 유기적이고 유연한 형태를 보인다. 또한 표면을 덮은 반투명 막을 통해 은은하게 들어오는 자연광은 콘크리트 쉘 구조가 갖지 못한 장점을 극대화하였다.

두 번째 최적화를 위한 최소한 시스템은 자연이 결정화 과정에서 형성한 패턴에 대해 탐구하였는데 잠자리의 날개 패턴, 나뭇잎 무늬, 균열 패턴, 비눗방울의 형성 패턴 등이 있다. 얇디얇고 가벼운

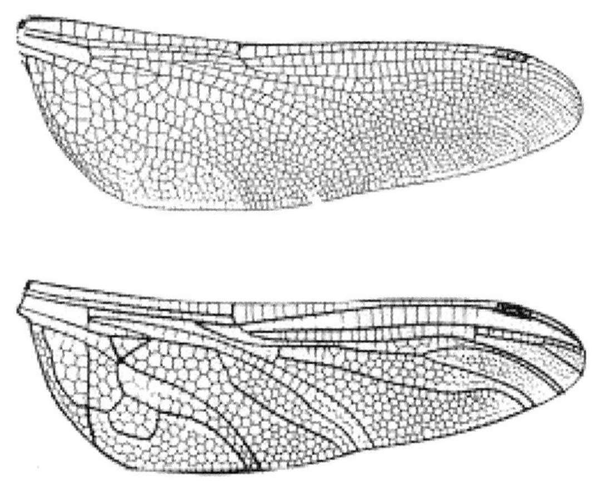

기하학적 조직의 다양한 레이어를 보여주는 잠자리 날개 패턴

잠자리 날개 패턴에 대한 분석을 보면, 인접한 두 개의 가까운 뼈대 사이의 셀 모양은 사각형으로 가까운 거리는 직선으로 연결하는게 유리하기 때문이다. 좀 더 벌어진 뼈대사이에 두 줄의 셀이 내접하게 되면 그 인접성은 120도의 각도를 이룬다. 뼈대 간의 거리가 더 멀어져 셀이 면으로 분포되게 되면 셀은 120도 동일각도의 육각형 형태를 취하게 된다.

이처럼 구조적 최적화는 비눗방울이 형성될 때도 보이는데, 비눗방울의 막은 특정 경계에서 표면적을 최소화하는 방식으로 작동한다. 여러 개의 최소 표면의 가장자리는 오토가 분석한 대로 공간적 최소 경로를 형성한다. 공간의 점 사이에서 가장 짧은 연결을 찾기 위한 최적화 작업은 수학에서는 '슈타이너 트리 문제Steiner tree problem'로 알려져 있다. 슈타이너 트리 문제에서는 연결 경간의 길이를 줄이기 위해 여분의 중간 꼭짓점과 간선을 추가한다. 각각의 새로운 점은 3차수를 가져야 하며 간선 사이의 모든 각도는 이러한

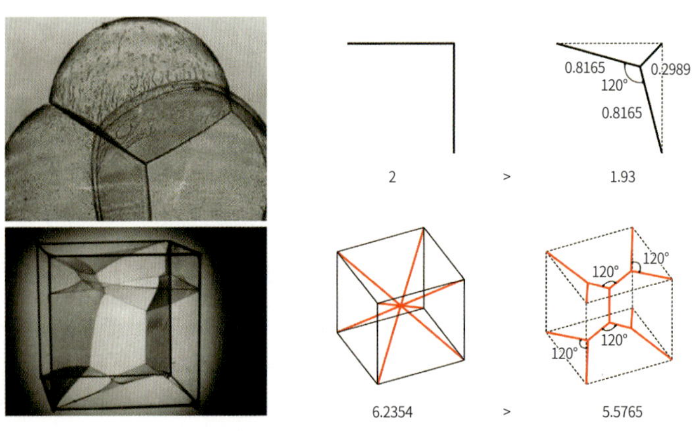

프라이 오토의 최소거리minimal path 연구

점에 수렴하며 꼭짓점은 120도로 만들어진다. 이는 2차원과 3차원의 비눗방울 상태에서도 적용된다. 일반적으로 3지점의 최소 연결을 직선거리로 생각하지만, 실제로 간선과 꼭짓점을 추가해 만들면서 전체 연결 길이의 합은 직접적인 연결보다 짧아진다. 이 방식으로 최소거리minimal path, 이를 확장한 최소면minimal surface을 통해 최적화를 만들어낸다.

이처럼 자연에서 발견되는 특정 현상과 물질은 정교함, 계층적 조직, 혼성화, 저항성 및 적응성을 수학적으로 설명할 수 있게 하는 데 많은 영감을 준다. 뮌헨 올림픽 경기장을 포함한 많은 오토의 작품들은 이러한 원리를 반영하였다. 수차례의 모형작업을 통해 형태

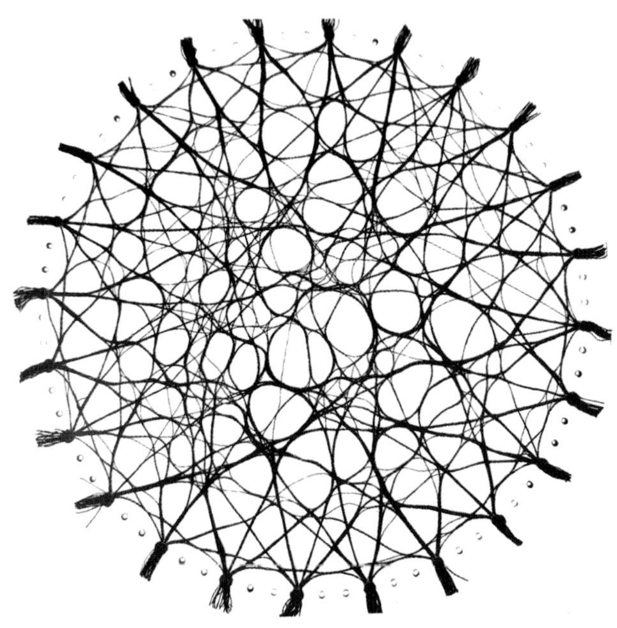

프라이 오토의 분기구조의 최소거리 시스템

를 찾고, 형태를 실현하기 위한 검증에 컴퓨터를 활용하였다. 결과적으로 실제 구축하는 과정도 최소화한 그의 혁신성과 철학은 오늘날 더 주목받을 만하다.

"As much, then, as his extraordinary sequence of works altered the nature of architectural form in the twentieth century, his environmentalism, intelligence, and foresight have established the defining architectural mentality for the twenty-first. He is an inspiration."
- Norman Foster
in the catalogue for the Exhibition of the work of Frei Otto 2005

"그의 놀라운 작품들이 20세기 건축 형태의 본질을 변화시킨 것처럼, 그의 환경주의, 지성, 선견지명은 21세기를 정의하는 건축적 사유를 확립했습니다. 그는 영감을 주는 사람입니다."
- 노먼 포스터, 「프라이 오토 작품전」 전시 도록, 2005

당신의 건물 무게는 얼마입니까

형태와 구조

　원시시대에는 외부의 조건에 대응하여 안전과 보호를 위한 피난처로 건축물이 존재했고 건축가라는 직업도 없었지만, 돌과 나무가 주 재료였던 고대와 중세에는 건축가가 구조와 건축 그리고 건축물의 미학적 부분을 담당하는 기술자이자 디자이너였다. 산업혁명 이후 강철과 철근 콘크리트를 얻게 되면서 건축가에게 구조 해결은 더 이상 심각한 고려의 대상이 아니었다. 예외적인 경우가 아니라면, 이 두 재료의 강도와 강성으로 거의 모든 상상하는 형태를 만들 수 있게 된 것이다. 따라서 건축가는 돌, 벽돌, 목재의 한계에서 벗어날 수 있었고 대부분의 건물은 기둥과 보로 이루어진 프레임구조, 철골조로 비교적 간단하고 자유롭게 구현되었다.

　복잡한 형태의 건축물은 설계뿐 아니라 실제로 구현하는 과정의 난이도가 높기 때문에 어렵고 비용이 많이 든다. 그러나 상대적으로 규모가 작은 건축물에서는 큰 비용이 증가 없이도 가능하다. 구조물 사이의 경간이 크지 않다면 강철과 철근콘크리트를 사용해 큰 구조적 부담 없이 지을 수 있기 때문이다.

또한 형태와 구조가 반드시 일치해야 하는 것은 아니다. 앞서 언급했듯이 세계적으로 그 공간의 가치와 아름다움으로 유명한 르 코르뷔지에의 롱샹성당은 실제로 쉘 구조가 아닌 프레임구조를 쉘 모양으로 만든 것이다. 두꺼운 벽체도 실제로는 안이 비워져 있으며 지붕을 지지하는 기둥들을 숨기고 있다. 간단하게 말하면 이 인상적인 형태의 건물은 일반적인 기둥과 보, 프레임으로 지지되고 있는 것이다. 또한 자유로운 곡선들과 반짝이는 금속 외장으로 유명한 프랭크 게리의 빌바오 구겐하임 뮤지엄에서 볼 수 있는 여러 겹의 아름다운 곡면들은 실상 철골조의 구조에 외부의 곡면패널을 매달아 둔 것으로 건물의 형태와 구조는 일치되지 않는다. 그럼에도 불구하고 이 유명한 건축물들도 전체적인 건축물의 무게를 줄이기 위해 이 구조형식을 채택했다. 형태가 구조와 일치되지 않더라도 이 건축물은 쇠락하는 도시를 다시 활성화시킬 만큼 인상적이며 영향력을 발휘한다. 그런 의미에서 모든 건축물이 구조적 효율성을 절대적으로 확보해야 하는 것은 아니며, 건축물은 다양한 의미로 해석될 수 있다.

리모델링

오늘날 기후위기에 대응하는 지속가능성은 세계적으로 가장 큰 화두이다. 건설 분야는 에너지 소비 및 건설 폐기물로 인해 환경을 파괴하고 자원을 소진하는 데 큰 비중을 차지한다. 건물을 짓는 것 자체가 자연환경을 파괴하는 것이지만 인류가 살아가는 데 필수적이니 짓지 않을 수는 없다. 이미 지어진 건축물을 오래 쓰는 것이 그나마 지속가능성에 도움이 되는 방법일 것이다. 기존의 건물을 철거하여 폐기하지 않고 고쳐쓰는 것이 리모델링remodeling이다. 리모델링의 근본적인 취지는 '건축유산의 보존'과 '자원의 절약'이다. 기존 건축물의 전체 또는 일부를 재사용하고 개선하여 신축에 비해 자원 소비를 최소화하고 건설 폐기물을 줄여 환경에 미치는 영향을 줄이고 비용을 절약하는 경제성을 얻을 수 있다. 특히 건설 폐기물은 전체 폐기물의 40% 정도를 차지할 정도로 심각한 문제이다. 반 시게루는 한 인터뷰에서 지속가능한 건축이 무엇인가란 질문에 낭비하지 않는 건축이라 답했다. 목재와 종이를 주요 건축 재료로 사용하는 이유가 쉽게 구할 수 있고 재활용이 가능한 재료이기 때문이며 부수는 행위 자체가 낭비라고 이야기한다. 리모델링은 이러한 환경적인 장점과 함께 사회적인 지속가능성에도 큰 의미가 있다. 리모델링은 기존 건축물의 역사적·문화적 가치를 보존할 수 있는 기회를 제공한다. 또한 개선작업을 통해 기존의 건축유산을 보존하면서도 새로운 용도에 맞게 지속적으로 건축물을 사용할 수 있다. 어떤 건축물이 유산heritage의 가치가 있는지 판단할 때 '진정성Authenticity'이 그 기준이 된다. 건축물 보존에서 진정성이란, 특정 건축물이 그 본래의 의도나 역사적 배경을 충실히 반영하고, 시간의 흐름 속에서 원래의 형태와 정체성을 유지하는 특성을 의미한다. 이는 주로 역사적·문화적·기술적·미학적 관점에서 판단한다. 진정성은 주로 보존에 대한 판단으로 항상 절대적으로 고수되어야 하는 것은 아니며, 새로운 시대적 요구에 맞게 건축물이 변화하는 것도 건축적 가치를 높일 수 있다. 건축적 의미가 미비한 공공기반시설을 문화시설로 리모델링하여 새로운 가치를 창출하기도 한다. 예를 들면, 쓰레기 소각장을 리모델링하여 문화공간으로 변경한 '부천아트벙커 B39(스튜디오 케이웍스 설계)'는 사람이 아닌 기계를 위한 공

쓰레기 소각장을 문화공간으로 탈바꿈한 부천아트벙커 B39

간적 특성을 활용하였으며, 폐기된 수도가압장과 물탱크를 전시장으로 바꾼 '윤동주 문학관(아뜰리에 리옹 설계)' 역시 일상적이지 않은 공간을 활용하여 작지만 새로운 공간감을 경험할 수 있는 문화공간으로 탈바꿈하였다.

구조, 보이지 않는 건축

그렇다면 리모델링에서 구조는 어떤 역할을 할까?

건축물의 쓰임이 달라지면 그에 따라 구조 변경이 필요하다. 첫째는 기존 건축물의 틀 안에서 내부적으로 새로운 용도에 맞게 변경하는 경우다. 여러 방으로 구획된 주택을 개방적인 업무공간이나 상업공간으로 전환할 때, 기존의 벽들을 허물고 필요한 부분을 기둥으로 보강하는 방식이 가장 일반적인 사례이다. 외부의 구조벽을 좀 더 개방적인 모습으로 확장할 때도 구조 보강이 필요하다. 대부분의 경우 강철 H형강으로 이루어지는데, 기존 건물에 거푸집을 만들고 철근을 연결하여 타설하기는 어렵기 때문이다. 두 번째는 기존건축물에 증축하는 경우이다. 수평증축보다 수직증축이 구조적으로 고려해야 할 부분이 더 많다. 수직증축의 경우 새롭게 추가되는 하중을 지지하기 위해 기존건축물의 구조를 보강하며 활용할지 아니면 기존건축물에 의존하지 않고 독립적인 구조로 추가되는 부분을 해결할지에 대한 선택이 필요하다. 이는 각각의 프로젝트가 가진 조건들을 면밀히 검토해야 한다. 시공성과 비용의 측면과 아울러 기존건축물을 증축공사를 하는 동안에도 사용해야 하는지 여부 등 다양한 조건이 발생한다. 이러한 기능적인 측면과 더불어 기존 건물의 어떠한 부분을 남겨 기억하고 지속할지에 관한 판단도 필요하다. 리모델링은 전과 후(before & after)의 모습을 비교해 보여줌으로써 무엇이 달라졌는지를 드러내는데, 완전히 새로운 모습으로 탈바꿈한 경우와 기존의 흔적들을 남겨 건축물의 지속성을 나타내는 경우도 있다. 증축을 할 때는 옛것과 새것(old & new)의 관계에 대한 건축적 의미를 고민하게 된다. 옛것 위에 새로운 것이 올라가기도 하며, 기존 건축물에 새로운 것이 삽입되기도 한다. 옛것과 새것이 공존하며

만들어내는 조화로움과 긴장감을 어떻게 디자인할 것인지가 중요
하다. 인류가 지구에 존재하는 한 어쩔 수 없이 자연환경에 반하는
인공건조물이 필요하다. 건축물을 재활용하는 리모델링은 에너지
소비를 줄이고 환경을 파괴하는 부산물을 감소시키는 좋은 방법이
며 앞으로 지속가능성을 위해 점점 더 활용될 방법이다. 그러면 어
쩔 수 없이 새로운 건축물을 지어야 한다면 어떻게 해야 할까?

건설 분야는 건물을 운영하는 데 필요한 에너지를 줄이기 위해
단열성능의 향상, 친환경 설비제품의 사용을 법으로 강제하고 있으
며, 태양광 설비, 지열 활용 등 재생에너지의 사용을 독려한다. 그렇
다면 건물의 시공과정에서 에너지를 줄일 수 있는 방법은 없을까?
건물에서 구조가 차지하는 비율을 생각하면 효율적인 구조를 통해
재료의 양을 줄이고 가볍게 만드는 것이 도움이 된다. 또한 적은 물
량으로 지으면 나중에 폐기물도 적어진다. 이러한 취지에서 자연환
경에 최소한의 영향을 주면서 필요한 공간을 만들어나가는 것, "더
적은 것으로 더 많은 일을 하는 것Doing more with less"을 목표로 구
조를 디자인하는 것은 이제 선택의 문제가 아니다.

대부분의 건축물들은 그 용도나 건축가의 의도에 의해 형태가
먼저 결정되고 그 형태를 구현하기 위한 구조가 뒤따르는 방식으로
만들어진다. 이런 경우 구조는 대부분 기하학적인 직선으로 이루어
지며, 하중 방향에 대해 주로 수평으로 놓인 부재가 휨에 저항하게
된다. 수평부재는 휨에 저항할 수 있을 만큼의 깊이가 필요하고, 이
에 따라 부재는 두꺼워지고 더 많은 구조재료를 사용하게 된다. 이
러한 원리로 더 넓은 경간을 원할수록 부재는 더 깊어져야 하고 구
조물의 크기도 더 커져야 한다. 이로써 구조재료가 비효율적으로 사

　　　　　　구조, 보이지 않는 건축

용되고 구조요소가 더 커진다. 경간이 구조재료가 감당할 수 있는 범위를 벗어나면 구조가 필요 이상으로 비대해지거나 경간을 줄이는 지지대를 놓을 수밖에 없게 된다.

그렇다면 건물을 가볍게 만드는 방법은 무엇인가?

먼저 가벼운 재료를 사용하는 것이다. 석재와 콘크리트는 무겁고 강철과 목재는 가볍다. 물론 건축물의 기준을 경량성만으로 판단할 수는 없으므로 때로는 콘크리트로 지은 건축물이 더 많은 가치를 만들어낼 수도 있다. 두 번째는 재료를 적게 쓰는 것이다. 동일한 면적의 공간을 더 적은 재료로 만들 수 있다면 건축물은 가벼워진다. 두껍고 무거운 압축부재 대신 인장력을 활용한 케이블을 사용하는 것 등이 해당된다. 마지막으로 효율적인 구조 시스템을 만드는 것이다. 예를 들어 고층빌딩을 지을 때 일반적인 철골 프레임구조에 비해 동일 높이, 동일 면적, 동일한 코어 배치의 다이아그리드 구조를 쓴다면 약 20% 정도의 강철 물량을 줄일 수 있다. 다이아그리드에서 사용하는 패턴인 삼각형은 수직하중과 수평하중에 동시에 대응한다. 삼각형은 구조적으로 효율적인 기하학 도형으로 수직기둥과 수평보보다 더 얇은 부재로 지지할 수 있는 것이다. 200m 높이의 타워라 생각하면 20%에 해당하는 강철의 물량은 약 2,000톤(200만kg)이며 이는 일반적인 자동차 약 1,300대에 달하는 어마어마한 물량을 줄이게 되는 것이다. 가볍지만 강성과 강도가 높은 재료인 강철을 사용하고 효율적인 구조 시스템인 다이아그리드를 통해 물량을 줄이고 가벼운 건축물을 만들어 낸 경우이다.

건축물의 경량성과 관련한 노먼 포스터와 그의 건축철학에 가

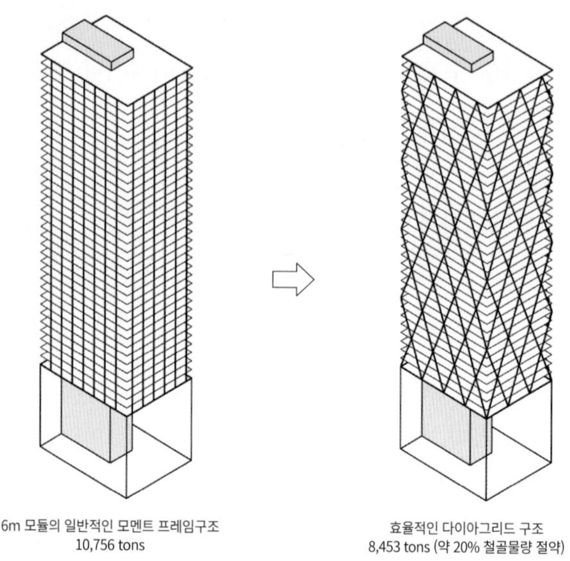

효율적인 다이아그리드 구조를 설명하는 다이어그램

장 큰 영향을 준 버크민스터 풀러와의 대화는 유명한 일화이다. 노먼 포스터가 1978년 경량구조와 통합된 공간을 제안하면서 호평을 받았던 세인즈버리 시각예술센터Sainsbury Centre for Visual Arts를 완공하고 버크민스터 풀러를 초대하였다. 이때 풀러가 한 질문인 "당신의 건물은 무게가 얼마나 됩니까How much does your building weigh, Mr. Foster?"는 노먼 포스터가 건축물의 경량성과 더 나아가 지속가능성에 집중하게 된 계기로 알려져 있다. 포스터는 자전적 다큐멘터리 영화의 제목을 이 질문으로 할 만큼 중요한 화두로 생각했던 것이다. 이 질문은 건축물은 가벼울수록 좋다는 점과 재료의 양을 줄이면 주어진 구조물의 내재 에너지도 줄어든다는 점을 암시한다. 예를 들어 강철이 적게 사용된 건물은 그 반대의 경우보다 내

 구조, 보이지 않는 건축

세인즈버리 시각예술센터

재 에너지가 적을 것이다. 물론 이러한 비교는 오해를 불러일으킬 수 있다. 경량의 강철과 유리 구조가 무거운 벽돌보다 항상 내재 에너지가 적은 것은 아니다. 일부 경량 재료는 생산과정에서 다른 재료보다 더 높은 에너지가 필요하기 때문이다. 예를 들어, 목재는 가볍고 에너지 소모가 적은 반면, 알루미늄은 가볍고 재활용이 가능하지만 생산하는데 에너지가 많이 소비된다. 따라서 단순한 산술적 비교보다 성능 측면에서 재료 사용을 고려해야 한다. 그럼에도 불구하고 원칙적으로 더 적은 에너지와 재료를 가지고 더 높은 성능을 구현하려는 효율성이야말로 더 가벼운 건축물을 통해서 얻고자 하는 바이며, 앞으로 나아가야 할 방향인 것은 분명하다.

맨해튼을 덮은 돔	Dome over Manhattan
버크민스터 풀러	Richard Buckminster Fuller
	1960년 제안
제안	IDEA PROPOSAL
미국 뉴욕	NEW YORK, UNITED STATES

버크민스터 풀러의 통찰, '최소자원의 최대활용'

버크민스터 풀러R. Buckminster Fuller(1895~1983)는 건축 구조에 대한 남다른 아이디어와 획기적인 작업으로 유명한 미국의 건축가, 엔지니어, 디자이너, 발명가 및 미래학자인 선구적인 디자인 과학자로 '20세기의 레오나르도 다빈치'로 불린다. 시대를 앞서간 풀러의 작업은 완벽한 구에 가까운 지구를 평면으로 왜곡 없이 나타내고자 정이십면체 표면에 투영해 펼친 2차원 지도부터, 운송과 조립이 용이한 대량생산을 위한 주택, 향상된 연료 효율과 속도를 위해 설계한 공기역학적인 형상의 자동차, 그리고 거대한 돔에 이르기까지 다양하다. 다양한 분야에 걸친 그의 이론과 실험은 30여 권의 책으로 출판되었고, 그의 철학과 기술은 오늘날까지 건축가와 디자이너들에게 상당한 영향을 주었다. 풀러는 자원 고갈, 기후 변화, 도시화와 같은 글로벌 문제를 해결하기 위해 기술 발전의 잠재력에 주목했다.

최소자원화

풀러가 1938년에 만든 용어인 최소자원화Ephemeralization는 "더 적은 것으로 더 많은 것을 해내다 보면 결국, 아무것 없이도 모든 걸 할 수 있게 된다."라는 의미로 기술 발전의 가능성에 근거한다. 우리가 생산(제품, 서비스, 정보 등)하는 데 사용하는 에너지(자원, 노동, 시간 등)를 발전하는 기술을 활용하여 효율적으로 줄일 수 있다는 것이다. 이러한 최소자원화 개념은 그의 철학을 관통하는 비전이며 건축과 디자인 작업에 적용되는 본질적인 원칙이다.

다이맥시언

다이맥시언Dymaxion 역시 풀러가 만든 용어로, 'dynamic(역동성)', 'maximum(최대치)', 및 'tension(장력)'의 합성어이다. 최소자원화와 마찬가지로 풀러는 이 용어를 사용하여 최소한의 자원으로 최대의 효율성과 기능성을 창출하는 것을 목표로 하는 그의 포괄적인 디자인 철학을 설명했다. 다이맥시언 개념은 건축, 교통, 도시계획 등 디자인의 다양한 측면을 포괄하며, 글로벌 문제를 해결하고 모든 사람의 삶의 질을 향상시키는 것을 목표로 했다.

다이맥시언 지도Dymaxion Map는 시각적 왜곡이 없는 세계지도이다. 이 지도는 구sphere에 대한 기하학적 탐구의 결과로 볼 수 있다. 풀러는 다양한 구와 돔을 구현하기 위한 많은 기하학 연구를 하였고 지오데식(측지) 돔을 제안하였다.

다이맥시언 개념이 적용된 다이맥시언 하우스Dymaxion House는 1920년대와 1930년대 풀러가 디자인한 미래형 주택 프로토타입으로 대량 생산이 가능하고 쉽게 운반할 수 있도록 고안된 조립식 경량 구조였다. 지지를 위한 중앙 마스트, 안정성을 위한 장력 케이블, 효율적인 공간 활용 등 혁신적인 디자인 요소가 특징이다. 이 집은 전 세계 사람들에게 편안한 생활 조건을 제공할 수 있는 잠재력을 갖고 에너지 효율적이고 환경 친화적이며 저렴한 가격으로 설계되었다. 또한 공기역학적인 형태로 바람의 저항을 최소화하여 연료 효율을 높인 3륜 자동차, 다이맥시언 자동차Dymaxion Car를 개발했다. 1933년부터 1934년까지 2년간 세 가지 프로토타입으로 만들어진 다이맥시언 자동차는 기존 자동차에 비해 가볍고 연료 효율이 좋아 개인 교통수단에 혁명을 일으킬 것으로 기대되었다. 실제로는 생산되지 않고 콘셉트 자동차로 남게 되었지만 이후 자동차 디자인에 많은 영감을 주고 변화를 이끌었다. 풀러는 이 자동차의 형태를 구현하기 위해 세계적으로 유명한 조각가이자 조경가 및 가구디자이너인 이사무 노구치Isamu Noguchi와 협업하였다. 풀러의 노년에 협업을 함께한 노먼 포스터는 2010년 한정된 정보와 자료에도 불구하

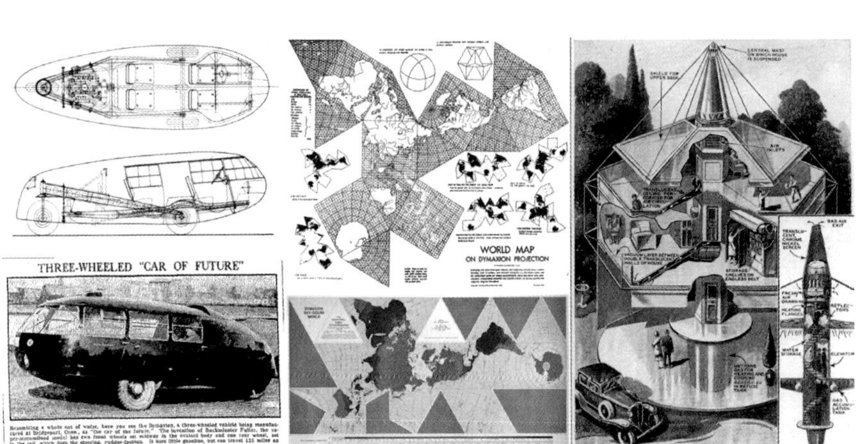

풀러의 다이맥시언 개념이 적용된 자동차, 지도, 주택

고 다이맥시언 자동차 3번째 프로토타입을 복원하여 전시하며 풀러에 대한 존경과 경의를 표하기도 했다.

다이맥시언 개념은 효율성, 지속 가능성 및 인간 복지를 강조하는 풀러의 디자인에 대한 전체적인 접근 방식을 나타낸다. 비록 다이맥시언 프로젝트 중 일부는 프로토타입과 실험 프로젝트에 그쳤지만, 다이맥시언 개념은 효율성을 바탕으로 건축이 직면한 환경에 대한 과제에 혁신적인 제안을 보여준다.

텐세그리티 Tensegrity

풀러가 만든 또 다른 용어인 텐세그리티Tensegrity는 'Tension(장력)'과 'integrity(통합, 완전한 상태)'의 합성어이다. 구조적으로 '장력에 의한 안정화'로 해석할 수 있다. 풀러의 효율적이고 가벼운 구조 시스템에 대한 철학에서 비롯된 텐세그리티 구조는 인장요소인 케이블이 지속적으로 장력을 유지하고 압축요소인 막대는 서로 연결되지 않고 독립적으로 케이블과 연결되어 존재한다. 압축력과 인장력이 힘의 평형을 만들어 안정화하는 방식이다. 텐세그리티 구조는 생물학적 시스템에서도 발견되며 결함 없는 구조와 세포 기능을 유지하는 데 중요한 역할을 한다. 세포, 조직 및 유기체와 같은 생물학적 구조에서 세포 골격은 긴장을 유지하고 압축력에 대항하여 구조를 지지하고 안정화하는 텐세그리티 원리를 따른다.

상대적으로 최소한의 재료를 사용하면서 안정성을 확보하기 때문에 효율적이고 경량이며, 장력에 의한 지지로 유연성과 적응성이 높다. 나사NASA에서는 행성 탐사 장치가 착륙할 때, 경량성과 유연성이 뛰어나 충격을 흡수하고 케이블의 길이를 조정하여 변화할 수

풀러와 그의 텐세그리티 구조모형

있는 텐세그리티를 활용한 프로토타입을 개발하기도 하였다.

　　무엇보다 텐세그리티 구조는 시각적으로 눈에 띄고 틀에 얽매이지 않는 형태를 나타내어 예술, 건축 및 디자인 분야에 많은 영감을 주었다. 압축부재인 여러 막대가 공중에 떠 있는 듯한 모습은 가벼움과 더불어 부유하는 건축물에 대한 로망에 한걸음 더 다가간다. 건축가와 예술가들이 이러한 매력에 다양한 텐세그리티 구조를 작업에 활용했지만, 완벽한 인장 상태로 힘의 평형을 이루어야만 완성된다는 제약이 있다. 다중의 인원이 사용하는 건축물에 순수한 텐세그리티 구조를 적용하기 어려운 이유이다. 하지만 여전히 풀러의 텐세그리티 탐구는 혁명적일 만큼 많은 분야에 영감을 주었고 창의성과 혁신의 경계를 넓혔다고 평가받는다.

바이오스피어 환경박물관 Biosphère de Montréal

　풀러가 개발한 여러 혁신적인 구조 개념과 실험 중 건축물과 연관하여 가장 주목받은 것은 지오데식 돔Geodesic dome이다. 지오데식 돔은 지오데식(측지선: 곡면상의 두 점을 잇는 최단거리의 선) 다면체로 이루어진 반구형 또는 바닥이 일부 잘린 구형의 건축물이다. 표면은 삼각형의 구면 격자로 이루어져 있다. 삼각형 모서리와 면으로 힘을 분산시켜 얇은 부재로 이루어진 돔을 형성하는 쉘의 원리로 하중을 지탱할 수 있다. 이러한 구조는 무게 대비 강도가 뛰어나며 재료 사용을 혁신적으로 줄이고(풀러의 추정으로는 일반적인 건물 대비 50분의 1) 무주공간을 만들어 낸다. 무엇보다 지오데식 돔이 주목받은 이유는 건축물로 실현되었기 때문이다. 풀러가 개발한 지

바이오스피어 환경박물관

　　　　　　　　　　구조, 보이지 않는 건축

오데식 돔 중 가장 유명한 것은 몬트리올 바이오스피어Biosphère de Montréal이다. 풀러가 돔을 주요 형태로 사용한 이유는 구조물 전체에 응력을 균등하게 분산시킬 수 있기 때문이다. 또한 돔은 곡선의 형태로 바람의 영향을 적게 받으며 내부의 공기순환에도 효율적이다. 하나의 통합된 실내화된 공간으로 미세기후를 조절하며 자연채광을 받아들이길 원했던 풀러에게 최소한의 재료로 최대의 넓은 공간을 만드는 돔은 최선의 선택이었다.

1967년 몬트리올에서 개최된 국제 및 만국 박람회EXPO67의 미국관으로 만들어진 몬트리올 바이오스피어는 지름 76m, 높이 62m의 지오데식 돔이다. 강철봉으로 만들어진 외부 표면의 삼각형 격자와 내부 표면의 육각형 격자인 이중 레이어로 구성되었다. 이는 구조물에 집중하중이 생기면 발생할 수 있는 좌굴을 방지하며 외부와 내부 레이어의 연결을 통해 트러스와 같은 효과로 구조물의 안정성을 확보한다. 풀러는 이 구의 표면이 사람의 피부처럼 외부환경에 반응하여 작동할 수 있도록 계획하여, 얇은 아크릴로 만들어진 차양을 만들었으나 의도대로 작동되지는 않았다. 박람회 이후 미국에서 기증받아 사용하던 중 1976년 화재로 구조물을 덮고 있던 얇은 아크릴 막이 소실되었지만 구조물은 원형대로 유지되었다. 현재 환경박물관으로 사용되고 있으며 오히려 풀러가 의도하지는 않았지만 구조의 뼈대만 드러낸 모습이 더 지오데식 돔의 경량성과 독창성을 드러낸다고 평가받는다. 건물의 외부와 내부를 관통하는 개방적인 시선은 돔의 공간적 경험보다 이중 레이어로 구성된 구조 자체의 감각적이고 시각적 경이로움으로 전달된다.

체계화 및 효율성을 통한 대량생산으로 자연과 조화를 이루는 건축물을 만들겠다는 풀러의 이상적인 철학을 되돌아보면, 그는 자신의 꿈이 바이오스피어와 같은 하나의 기념비적인 건축물로 끝나길 바라지는 않았을 것이다. 자원, 기후, 도시화 및 지속가능성에 대한 풀러의 비전과 최소 자원으로 최대치를 만들고자 했던 효율성에 대한 탐구와 결과들은 획기적이며 지금 우리가 다시 고민해 봐야 하는 '기술'과 '자연', '건축'과 '기후환경'에 영감을 준다. 그는 19세기에 태어나 20세기를 살다간 21세기 인물임에 틀림없다.

구조의 혁신과 혁신의 건축

'혁신innovation'이라는 단어는 이 책을 관통하는 키워드이다. 혁신은 '새로운 아이디어나 새로운 방법, 또는 새로운 아이디어와 방법을 사용하는 것'으로 정의된다. '혁신적'이라는 것은 사물, 생각, 프로세스와 서비스 등에서 점진적인 혹은 급진적인 변화가 있다는 말이다. 따라서 혁신적인 것은 이전의 상태보다 확연히 다른 것이어야만 하고 긍정적인 변화가 수반되어야만 한다.

건축에서 혁신이란 무엇인가?

건축에서 혁신은 다양한 방면에서 시도되고 나타날 수 있다. 설계과정의 효율성과 창의성을 높여줄 수 있는 소프트웨어의 활용이 혁신의 측면에서 최근 가장 주목받는 분야이다. 생성형 인공지능AI: Artificial Intelligence은 3차원 모델링으로는 만들어내기 어려웠던 형태와 사람의 상상력을 넘어서는 이미지를 몇 개의 키워드로 생성한다. 또한 자동화Automation 설계 프로그램을 통해 멀지않은 미래에는 더 이상 사람이 도면을 그리는 일이 없어질 수도 있다. BIM(빌딩 정보 모델링), 파라메트릭 설계 프로그램, 3D 프린팅, 증강현실과 같은 디지털 기술은 설계과정을 간소화하며 공사물량의 산출·제작과정을 최적화한다. 건축 재료에서도 많은 혁신이 일어나고 있다. 지속가능성을 고려하여 친환경 소재를 활용하거나 재료를 재활용하여 업사이클링Upcycling된 제품을 생산하기도 한다. 많은 연구를 통해 기존에 없던 새로운 건축 재료가 만들어지며 내구성 향상, 오염 방지, 소음 감소, 유해물질의 배제 등 실내외 공간의 환경을 개선해 나간다. 또한 건축가들은 과거의 유산과 경험을 바탕으로 현재의 문제를 해결하고 건축의 가치를 재창출하기 위해 기존과 다른 방식의 계획안을 제안하기도 한다. 건축물의 사용자들이 공간을 경험하고 사용하는 방식에 대해 새로운 아이디어를 제시하며 전통적인 설계 규범의 경계를 넓이고 사회적 영향과 변화를 유도하는 것도 건축을 혁신적으로 만드는 방법 중 하나이다.

구조에서 혁신이란 무엇인가?

건축물에서 구조란 건물의 무게를 지탱하고 중력, 바람, 지진 등 건축물에 가해지는 다양한 힘을 견디고 형태를 유지하여 안정성, 안전성 및 기능성을 확보하는 뼈대를 말한다.

구조가 기술(공학)의 영역에 포함되어 있는 이유는 수학 및 물리학과 같은 과학적 원리에 기반하기 때문이다. 이는 힘과 운동, 응력과 변형, 자연현상 등의 개념을 이해하고 재료과학, 구조 분석, 구조 계산 등 전문지식을 적용하여 건축물이 안전하게 작동하도록 하는 문제이다. 기술로서 구조가 갖는 가장 큰 지향점은 효율성이다. 가능한 주어진 조건 안에서 최소한의 구조재료를 사용하면서 구조의 안정성을 확보하는 것이 목표이다. 건축물에서 구조가 수행해야 하는 '기능'을 가장 효율적인 방식으로 이루어내는 것이 기술이 해내야 하는 과제인 것이다. 무엇보다 건축물은 내부의 공간을 사용하는 것을 목표로 한다. 반면에 구조는 건축물에서 사용이 불가능한 공간을 만들어내는 것이다. 구조가 두꺼워지면 공간을 차지하고 시각적인 개방감을 감소시키며, 구조부재의 개수가 많아지면 공간을 사용하는 데 제약이 늘어난다. 따라서 구조는 효율적이어야만 한다.

그런데, 건축설계가 완료된 후에는 구조를 효율적으로 만들기가 거의 불가능해진다. 설계의 형태를 유지한다는 전제하에 안정성을 확보하기 위한 분석과 계산이 뒤따르지만 이는 필요한 구조의 크기를 확정해주는 것일 뿐이다. 정해진 계획안 내에서 하나의 기둥이 담당해야 하는 하중이 달라지지는 않는다. 따라서 구조의 효율성을 확보하는 것은 건축가가 구조에 대한 이해와 직관으로 계획 단계부터 고려해야 하며, 필요시 계획 초기부터 구조기술가들과 협업 또는 협의가 필요하다. 이때부터 구조는 기술의 영역에만 머물지 않고 디자인의 영역에 '들어오게' 된다. 그러므로 효율적인 구조를 만드는 것은 건축가의 디자인과 밀접한 관계가 있다.

그러나 모든 건축이 효율적인 구조를 목표로 만들어지지 않으며 그럴 필요도 없다. 또한 구조적으로 효율적인 형태나 시스템이라 하여도 실제로 구현했을 때 비효율적인 결과가 나올 수도 있다. 예를 들어 쉘 구조는 구조적으로 얇은 두께의 쉘을 통해 기둥 없이 넓은 경간을 만들어내며 미적인 아름다움을 보여주지만 시공과정에서 발생하는 곡면이 야기한 복잡성으로 건축 난이도가 높아지며 때로는 쉘의 가장자리에서 발생하는 힘의 변화를 해결하기 위해 과도한 기초공사가 요구되기도 한다. 따라서 구조의 효율성은 하나의 건축물이 완성되는 모든 과정에 적용되어야 하는 개념이다.

프로젝트 관리라는 측면에선 다른 분야도 그렇겠지만, 건축 프로젝트도 '비용cost', '시간time', 품질quality'의 삼각관계로 생각해 볼 수 있다. 적은 비용으로 짧은 기간 내 원하는 품질(또는 결과물)을 얻으면 이상적이겠지만, 때로는 고품질을 위해 높은 비용과 오랜 시간을 투입하기도 하며, 더 높은 비용을 투입해 짧은 기간 내에 원하는 결과를 얻기도 한다. 이를 통해 또 다른 가치를 만들어 낼 수 있다면 효율적으로 볼 수 있다. 꼭 투입되는 물량(비용)이 적다고 프로젝트 전체 과정이 효율적이지는 않은 것이다.

구조의 혁신성은 단순히 효율적인 구조를 넘어서 상대적으로 적은 자원과 재료의 사용, 시간과 노동력을 줄일 수 있는 공법과 시스템에 대한 고려, 그리고 그를 통해 만들어지는 건축물의 공간적·미적 가치의 창출이다. 오늘날의 화두인 지속가능성을 위해 자원 소비를 최소화하고, 탄소 배출을 줄여 기후 위기에 대응할 수 있는 비전과 철학이 바로 효율성efficiency으로 대표되는 구조의 혁신성인 것이다.

혁신의 건축

건축은 당면한 문제의 해결, 사용자의 요구에 대한 응답, 공간의 쾌적성과 문화적 가치 증진 등 다양하고 복잡한 역할을 맡고 있다. 그렇다면 혁신적인 건축이란 어떤 것인가?

우리가 지금껏 보지 못했던 건축물이다. 통상적인 방식의 접근과 구성을 넘어서서 기존의 문법을 벗어나 경계를 넓히거나 해체하며 독특한 건축적 경험을 창출하는 것이다. 동일한 조건에서도 집요하고 지속적인 실험과 연구를 통해 새로운 재료, 기술, 방법론을 탐구하여 색다른 접근 방식을 통해 혁신적인 해법을 찾아내는 것이다. 건축이 물리적으로 구축되는 것이고 구축의 근간이 구조라고 할 때, 우리가 건축에서 가장 혁신적이라 할 수 있는 것이 바로 이 구조에 대한 혁신이라 할 수 있다.

모든 분야가 그러하듯, 건축도 기술의 발전에 따라 때로는 점진적이고 때로는 급진적으로 변화와 발전을 해왔다. 철근콘크리트와 강철 같은 구조재료의 발견과 발명은 건축에 가장 큰 변화를 불러왔으며, 선구적인 건축가들은 당대의 최신기술과 재료를 사용해 전에 없던 건축물을 만들기 위해 도전해 왔다. 이처럼 기술과 디자인을 융합하여 효율성과 새로운 공간을 창출할 때 혁신적인 건축이 탄생하며, 우리가 혁신적이라 부르는 건축물들은 구조디자인을 통해 만들어졌다.

아트 비오톱 워터가든 (개념도)　　Art Biotop Water Garden (Concept Drawing)
이시가미 준야　　Junya Ishigami
　　2018년 완공
조경　　LANDSCAPE
일본 도치기현　　TOCHIGI PREFECTURE, JAPAN

이시가미 준야의 자연을 향한 모호함

일본 건축가인 이시가미 준야Junya Ishigami(1974~)는 현재 세계에서 가장 실험적인 건축가라고 할 수 있다. 그는 이미 일본을 넘어 세계 건축계에 널러 알려졌고 많은 건축상을 받았으며, 프리츠커상에 가장 근접한 일본 건축가일 것이다.

"To embody in architecture that which has never been architecture before -
I wish to explore this possibility."
Likely, this will mean fundamentally re-thinking our methods of constructing
architecture. In doing so, we will surely discover an expansive new world of
another scale, never perceivable before.
from 'Another Scale of Architecture'(pp. 4)

"이전에는 건축으로 존재한 적이 없었던 것을 건축으로 구현하는 것,
나는 그 가능성을 탐구하고 싶다."
아마도 이는 건축을 구성하는 방법을 근본적으로 다시 생각하는 것을 의미할 것이다.
그렇게 힘으로써 우리는 이전에는 느낄 수 없었던 또 다른 규모의 광활한 신세계를
반드시 발견하게 될 것이다.
- 이시가미 준야, 『건축의 또 다른 척도』, p. 4

이시가미 준야의 이러한 선언처럼, 그는 충분히 자유롭지 못하다고 생각하는 기존의 건축 문법을 벗어나 건축의 본질과 목적에 의문을 제기한다. 그는 유사 이래 건축의 기본적인 목표였던 피난처라는 개념이 새롭게 떠오르는 환경인식에 적합하지 않다고 생각하며, 건축이 '환경' 그 자체가 돼야 한다고 주장한다.

자연

많은 건축가들이 자연을 모방하거나 자연스러운 건축을 추구하지만, 이시가미 준야처럼 기존의 건축문법을 벗어나 자연환경의 경험을 극단적이고 실험적으로 이루어내지는 못했다. 그는 지금까지의 건축은 영원할 것 같은 풍경의 해방감, 구름의 가벼움, 하늘의 공활함, 빽빽한 나무들의 숲, 빗속의 물방울과 같이 자연환경이 만들어내는 공간의 척도와 심상을 실현해내지 못했다고 생각했다. 자연환경이 포괄적인 스펙트럼을 가지고 있는 반면, 건축은 이러한 자연환경에서 분리되어 인공적으로 건조물을 만들어온 것이다. 따라서 건축이 환경이 돼야 한다는 그의 주장은 자연현상만큼 원시적이며 모호해서 새로운 환경을 생성하는 또 다른 자연을 창조하겠다는 의지로 볼 수 있다. 어찌 보면 고도화된 기술이 있으나, 세상에는 아무런 건축물도 존재 하지 않아 건축 자체에 대한 선례와 선입견이 없다는 전제하에 상상할 수 있는 건축의 존재방식에 대한 질문에 답을 찾아가는 시도로도 보인다.

이시가미는 도쿄예술대학교를 졸업하고 프리츠커 수상자인 SANAA(사나)에서 일했는데, 사나의 공동 대표(세지마 카즈요, 니시자와 류에) 중 하나인 세지마 카즈요Kazuyo Sejima 역시 프리츠커 수상자인 이토 도요Toyo Ito 밑에서 일했다. 일본 건축은 메타볼리즘 Metabolism 시대 이후 콘크리트와 같은 무거운 소재를 지양하고 목재, 얇은 강판 등을 사용한 가벼운 건축을 통해 현대건축의 새로운 기치旗幟, 즉 방향성을 제시하는 그룹이 생겨났는데, 이토 도요와 사나를 거쳐 이시가미까지 이어지는 계보가 핵심이라 할 수 있다. 이는 초평면Super Flat이란 개념으로 해석해 볼 수 있다. 슈퍼플랫은 위계와 질서가 점점 소멸되며 사회를 구성하고 있는 여러 조직의 형태가 변하고 있으며, 사회의 축이 수직에서 수평으로 변화하면서 평면적인 세상으로 바뀌는 경향이다. 건축에서는 공간의 위계가 사라지며, 정면과 후면이 나눠지지 않고, 내부와 외부의 구분이 없는 새로운 개념의 건축이 이러한 경향과 맞닿아 있다. 이는 모호한 개념, 모호한 기능, 모호한 역할, 모호한 영역, 모호한 집합, 모호한 방향을 생성하며 그렇게 만들어진 건축물은 주변 환경에 녹아드는 동시에 새로운 환경을 형성하게 될 것이라는 개념이다. 이러한 모호성과 경계 허물기가 위의 3명의 건축가들의 작업에 공통적으로 나타나는 특성이다. 이러한 세대의 계보를 거쳐 이시가미는, 자연과 인공의 경계를 모호하게 하고, 규모(또는 척도)의 변화와 그를 위한 구축의 변주를 통해 이전에 없던 경험을 제시하며, 가장 실험적이고 극단적인 결과물들을 만들어내고 있다.

구조의 연금술사

이시가미 준야이 이러한 철학과 비전은 그의 첫 번째 프로젝트였던 아주 작은 레스토랑의 인테리어에서도 잘 드러난다. 그는 작은 프로젝트라도 '건축'을 하고 싶었으며 '구조'가 없는 것은 건축이 될 수 없다고 생각했다. 레스토랑이라는 공간을 대지로 생각하고 테이블을 건축이라 여기며 상판은 지붕이 되고 다리는 기둥이 된다고 생각했다. 작은 건축물인 테이블이 작은 방에서 큰 존재감을 드러낼 수 있도록 테이블 상판을 공중에 떠 있는 것처럼 웅장하면서도 최대한 가볍고 얇게 디자인했다. 마찬가지로 다리도 최대한 얇고 가늘게 제작하여 테이블의 크기에 비해 테이블이 넓고 높게 보이도록 하였다. 실내에 건축물을 짓는 이 모순된 상황을 표현하기 위해 두께 4.5㎜에 불과한 강철판의 테이블 상판과 다리를 계산된 방향과 반대 방향으로 구부려 변형시켰다. 이는 테이블을 바닥에 놓았을 때 강철의 탄성과 자체 무게에 의해 수평과 수직이 되도록 한 놀라운 방법이다. 이후 유사한 구조 원리로 9.5m길이의 테이블을 불과 3㎜ 두께의 강철판으로 만들었으며, 세밀하게 조직된 사물을 테이블위에 배치하여 상판이 수평이 유지되도록 하였다. 구축에 대한 생각을 뒤집는 비현실적인 이 테이블은 중력의 영향에서 벗어나 자유로워 보인다. 이시가미 준야는 이를 통해 수평성에 대한 개념을 깨달았으며 수평성과 평면성flatness의 차이에 대한 사고를 심화해 '가나가와 공과대학 광장Kanagawa Institute of Technology Plaza'을 만드는 데 활용한다.

그의 실험적이고 전위적인 시각적 비전은 완벽한 건축적 사고과정을 드러내지만 실현되기가 어려워 설치 미술의 영역에 국한될 것이라 평가받기도 했다. 하지만 그는 첫 번째 건축 작업인 '가나가와 공과대학 공방KAIT Workshop'을 실현함으로써 혁신적인 건축가로 세계 건축계에 스스로를 각인시켰다. 학생들의 자유로운 창작활동을 위한 이 공간은 약 2,000㎡의 단층으로 구성된 정사각형 모양의

 구조, 보이지 않는 건축

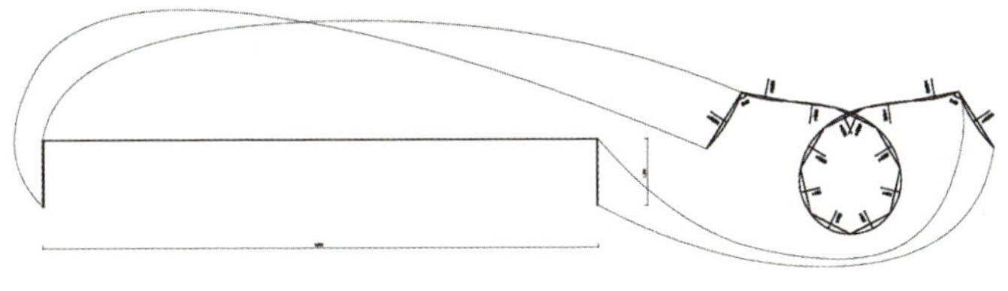

테이블과 구조원리

건물에 벽이 없는 건물이다. 지붕을 지지하는 305개의 얇고 납작한 기둥과 사방을 둘러싼 투명한 유리로만 이루어져 있다. 쉽게 해석하면 나무를 추상화한 기둥들을 무작위로 배열하여 숲속에 있는 듯한 느낌을 주며 투명유리를 통해 내부와 외부의 경계를 허물어 외부 자연과 조화를 이룬다. 하지만 이시가미 준야의 생각은 이보다 더 고차원적이다.

그의 건축은 인공물과 자연의 관계, 즉 계획에서 파생되는 것과 계획이 아닌 것, 확실성과 불확실성 사이의 관계에 대한 인식에서 출발한다. 그는 의문을 품었다. 숲속의 나무들이 배치된 모습은 무작위로 보이지만 우리가 지각하지 못하는 자연환경의 깊은 체계가 존재하지 않을까? 그렇다면 우리가 만들어내는 인공적인 '계획'과 이 자연의 '체계'는 무엇이 다른가? 이곳은, 공방으로서 목공, 금속가공, 도자기 등 전문적인 작업 공간의 기능을 수용하는 동시에 다양한 행태의 사용자를 고려한 유연성이 확보되어야 한다. 그는 일반적으로 이러한 공간에 제시되는 개방적이고 열린 공간으로 불리는 균질하고 보편적인 '빈' 공간, 소위 '유니버설 스페이스universal space' 대신, 유연성을 위해 계획된 기능과 계획되지 않은 기능이 공존해야 한다고 생각했다. 이를 위해 사용한 얇고 납작한 305개의 기둥은 무작위로 보이지만 엄격한 계획에 의해 배치된 것이다. 각각의 기둥의 구체적인 목적은 드러나지 않지만 집합으로 보면 어떠한 의도가 느슨하게 느껴지고 사용자 스스로 해석하여 사용할 수도 있다. 예를 들어, 어떤 곳은 면이 더 많이 보이는 기둥의 집합으로 닫힌 공간이 되기도 하고, 어떤 곳은 기둥의 얇은 단면이 더 많이 보여서 더

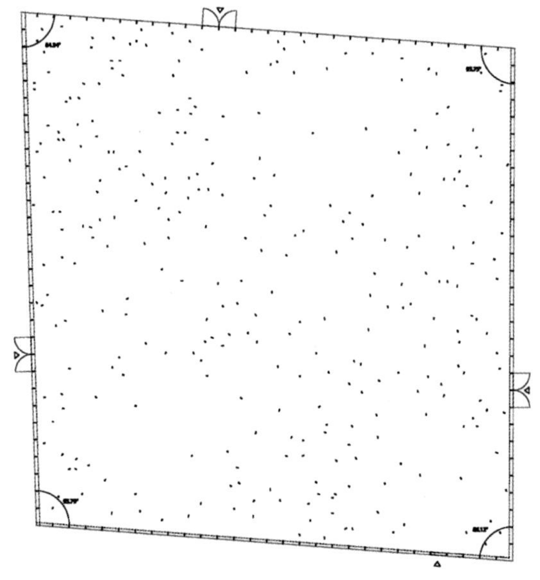

가나가와 공과대학 공방의 평면, 이시가미 준야

 구조, 보이지 않는 건축

열린 느낌의 공간이 되기도 한다. 또한 기둥의 밀도에 따라서 공간의 분위기도 달라진다. 계획된 방향이나 위계가 없는 이 공간을 유영하다 보면 시시각각 변화하며 사물과 가구가 놓이는 방식에 따라 다양한 방향으로 자라나는 숲처럼 해방된 자유로운 공간이 된다. 계획과 무계획의 불확실성이 함께 존재하면서, 전체성을 지닌 존재인 건축을 더욱 불확정적으로 만들고자 하는 시도, 즉 직관적으로 파악되지 않는 모호한 전체성을 꿈꾸는 것이다.

305개의 얇은 기둥 구조

대부분의 건축물은 기둥만으로 지지되지 않는다. 기둥은 수직부재로 수직으로 내려오는 힘을 주로 담당한다. 문제는 바람, 지진과 같은 수평하중인데, 이를 해결하기 위해 일반적으로 전단벽을 사용하거나 가새를 사용한다. 이시가마 준야는 의도한 모호성과 전체성을 구현하기 위해 일반적인 방식의 전단벽 등을 사용하지 않았다. 이 모호성의 계획과 구조의 역할을 동시에 담당하는 305개의 기둥은, 최소 16㎜에서 최대 63㎜의 두께로 비율과 방향이 모두 다르다. 강철판으로 만들어진 305개의 기둥 중, 42개는 수직하중을 위한 압축 기둥이며, 263개는 수평하중을 담당하는 작은 전단벽과 같은 포스트텐션 기둥이다. 육안으로는 기둥의 역할이 구분되지 않는 모호성을 추구한 것이다. 263개의 얇은 강철판 기둥들이 다른 기둥들과 같이 수직으로 놓였음에도 수평하중에 대응할 수 있는 것은, 이러한 방식으로는 사용된 적이 없는 포스트텐션을 적용했기 때문이다. 일반적으로 경간이 넓은 보에 활용되는 이 공법을 수직 기둥에 적용하였는데, 42개의 압축 기둥을 배치하여 고정한 후, 263개의 기둥을 지붕에 매달았다가 눈 하중에 해당하는 무게를 가해 바닥에 고정한 후 무게 추를 제거하면 강철판이 상하로 팽팽하게 당겨지며 좌우로 흔들리는 것을 잡아준다. 이 놀라운 구조디자인을 통해 이시가미 준야는 본인이 의도한 얇은 수직 기둥 숲을 만들어낼 수 있었던 것이다.

이시가미 준야는, 가나가와 공과대학 공방 옆의 광장, 물의 정원 등 이후 완성된 작품들에서 연속된 개념과 더 혁신적인 결과물을 보여준다. 그는 자연의 복잡한 시스템을 모두 이해할 수는 없지만 경험을 바탕으로 무엇을 해야 할지 직관적으로 알 수 있다고 믿었다.

건축으로서의 자연, 자연으로서의 건축

이시가미 준야가 2018년에 디자인한 '아트 비오톱 물의 정원 Art Biotop Water Garden'은 일본 도치기현 나스Nasu의 자연환경 속, 새로 지어질 호텔 부지 인근 초지에 위치한다. 호텔 건설로 인접 숲의 수많은 나무들이 베어질 예정이었지만, 건축가는 이 나무들을 옮겨 보존하고, 동시에 본래 숲이였다가 이후 농경지로 사용되다 초지로 남게 된 이 장소의 역사를 반영한 새로운 풍경의 정원을 제안하였다.

새로운 풍경은 건축을 다루듯 섬세하고 치밀하게 계획되었다. 318그루의 나무들이 옮겨지는 동시에 160개의 새로운 연못들이 만들어졌다. 이 연못들은 예전 논에 물을 대주던 수문에서 끌어온 물로 채워졌으며, 관개 시스템을 통해 끊임없는 흐름을 형성한다. 나무와 연못의 구체적 형태를 계획함으로써 숲의 모호한 풍경은 구조를 부여받고, 세밀하게 의도된 공간으로 변화한다. 나무와 연못은 전혀 자연에서는 볼 수 없는 밀도로 균질하게 퍼져 있으며, 그 사이 공간은 아름답게 펼쳐진 이끼가 채운다. 이곳에 있던 어떤 것도 더

가나가와 공과대학 공방의 내부모습

하거나 버리지 않고, 이전에는 본 적 없는 새로운 자연이 모습을 만들어냈다. 옮겨온 나무들은 주로 낙엽수들인데, 이 수종들은 본래 자연 상태에서는 물과 가까이 공존할 수 없다. 그러나 연못에 방수 처리를 해서 이들이 공존할 수 있게 되었고, 자연에서는 존재할 수 없었던 나무와 물의 새로운 관계가 형성되었다.

이시가미 준야는 이 프로젝트를 풍경을 하나의 건축으로 이해하고 새로운 환경을 창조하는 작업으로 설명한다. 이는 우리가 알고 있는 자연의 연장이자 미래의 자연으로서 새로운 형태의 자연을 창조하는 것으로 볼 수 있다. 인간이 만들어낸 자연과 자연이 된 건축은 생경함과 모호함 속에서 새로운 감각과 사유를 불러일으킨다.

맺는말

이 책은 "건축가는 기둥을 싫어할까?"라는 질문을 시작으로, 건축의 구조를 넘어 구조의 건축에 대한 이야기를 다루었다. 일반적인 구조의 영역과 역할을 확장하여 구조가 건축이 되는 혁신적인 생각들을 사례로 소개했고, 나아가서는 구조와 건축의 경계를 넘어 현재와 미래의 지속가능한 건축을 위해 해야 할 일은 무엇인가를 살펴보았다. 이 책에서 살펴본 다양한 구조적 원리와 사례들은, 구조가 단순히 계산과 공법에 머무르는 것이 아니라 창조적 상상력과 결합될 때 비로소 새로운 가능성을 열 수 있음을 보여준다.

이 책을 한마디로 정의하자면, '건축가의 시선으로 바라본 구조와 디자인 에세이'라 할 수 있다. 이러한 의도에서 서술하다 보니 답이 정해진 구조 시스템의 설명 대신, 이에 대한 필자의 해석과 디자인의 관점이 강조되었다.

오늘날엔 건축 담론이 점점 잦아들면서 보편적 가치의 추구보다 다원화된 개별적 관점이 주목을 받게 되었다. 이제 건축은 구축적인 의미보다 현상적 이미지로 빠르게 소비되면서, 시장 논리에 지배되는 시대에 접어든 것 같다. 그러나 구조는 여전히 건축의 본질적 물음을 환기할 수 있는 가능성을 품고 있다. '공간은 어떻게 존재하는 가?', '구조는 공간 경험을 어떻게 매개하는가?', '이 형태가 어떤 울림을 주는가?' 이 같은 질문은 구조의 언어를 통해 다시 살아날 수 있을 것이다.

구조는 물론 건축의 전부가 아니다. 그러나 혁신적인 건축은 구조에 대한 탐구 없이는 만들어지지 않는다. 우리나라에도 훌륭한 건축물과 건축가가 많지만, 혁신적인 건축을 찾기는 쉽지 않다. 이런 상황에서 이 책이 독자들에게 건축의 구조에 대한 확장된 사고와 시야를 제공한다면 큰 의미가 있지 않을까? 중력이 존재하는 한 구조는 사라지지 않고 우리가 살아가는 공간의 질서 속에 보이지 않게 스며 있을 것이기 때문이다. 이 책을 읽는 사람들이 구조는 물론 세상의 모든 구조를 새롭게 바라보고, 그 의미를 발견할 수 있기를 기대해 본다.

책을 출간하여 저자가 되는 것은 어린 시절부터 오래된 꿈이었다. 그러나 단순한 책이 아닌, 필자가 그간 몸담은 분야에 도움되는 책이기를 바랐다. 2014년부터 구조디자인 강의를 시작하고, 2017년에 구조디자인에 관한 책을 쓰기로 마음먹은 지 어느새 8년이 지났다. 당연하지만 글'짓기'도 집'짓기'만큼 많은 시간과 노력과 정성이 필요한 일이었다.

긴 시간 동안, 출간의 꿈을 응원해 주며 채찍질도 해준 사랑하는 아내와 딸에게 고마움을 전한다. 무엇보다 내 원고를 반겨주시고, 기다려주신 이유출판의 이민, 유정미 대표님께 진심 어린 감사를 올린다. "독자들의 생각을 확장하는 책"이 되면 좋겠다고 해주신 말씀이 깊이남아 이 책의 지향점으로 삼게 되었다. 그리고 지난

12년간 함께 고민하며 구조 디자인 프로젝트를 진행한 500여 명의 고려대학교 건축학과 학생들에게도 감사를 전한다. 끝으로 이 책을 펼쳐 여기까지 읽어주신 독자 여러분께 깊은 감사를 전한다. 책은 누군가의 머리와 가슴에 닿아 작은 영향이라도 미칠 수 있을 때 비로소 완성된다고 생각한다.

책을 덮는 순간, 구조가 더 이상 어려운 도식과 계산만을 의미하는 분야로 인식되지 않기를 바란다. 아울러 이 책을 통해 건축의 구조뿐만 아니라 세상의 모든 구조와 친해질 수 있기를 기대해본다.

참고문헌

Another Scale Of Architecture, Junya Ishigami, Lixil, 2020

a+u 2023:11 Feature: Junya Ishigami From the First Work, A+U Publishing, Shinkenchiku-Sha Co., Ltd, 2024

Basic Structures for Engineers and Architects, Philip Garrison, Wiley-Blackwell, 2008

Building Structures Illustrated: Patterns, Systems, and Design, Francis D. K. Ching, Barry S. Onouye, Douglas Zuberbuhler, Wiley, 2013

Constructing architecture : materials, processes, structures : a handbook, Andrea Deplazes (Ed). Birkhauser, 2013 (3rd Edition)

Finding Form: Towards an Architecture of the Minimal, Frei Otto and Bodo Rasch, Edition Axel Menges, 1996

Foster + Partners: Catalogue, Norman Foster, Prestel, 2008

Informal, Cecil Balmond, Prestel Publishing 2002

Innovative Surface Structures: Technologies and Applications, Martin Bechthold, Taylor & Francis, 2008

Norman Foster: A Life in Architecture, Deyan Sudjic, Overlook Books, 2010

Occupying and Connecting: Thoughts on Territories and Spheres of Influence with Particular Reference to Human Settlement, Frei Otto, Edition Axel Menges, 2009

On Growth and Form, D'Arcy Wentworth Thompson, Dover Publications; Revised edition, 1992

Structure and Architecture (2nd Edition), Angus J Macdonald, Routledge, 2001

Structural Design for Architecture, Angus J Macdonald, Architectural Press, 1997

Structure Systems, Heino Engel, Hatje Cantz, 2007

The Structures of Eduardo Torroja: An Autobiography of Engineering Accomplishment, Eduardo Torroja y Miret, F. W. Dodge Corporation, 1958

Towards a New Architecture, Le Corbusier, Dover Publications, 1985

Your Private Sky: R. Buckminster Fuller: The Art of Design Science, R. Buckminster Fuller, Lars Müller Publishers, 1999

이미지 판매 사이트(alamy)에서 구매한 이미지와 퍼블릭 도메인(public domain)에서 인용한 이미지는 별도 출처 표기를 하지 않았습니다. 저작권자가 분명치 않고 연락을 취했으나 답변이 없는 경우, 저작권자가 확인되거나 답변이 오는 대로 인증 절차를 받겠습니다.

도면

027, 034, 042, 047, 049, 055, 056, 058, 065, 075, 077, 080, 084, 085, 088, 107, 121, 129, 151, 163, 170, 198, 202, 203, 213 ,230, 238, 247, 256, 266 ⓒ김세진

모든 도면은 저자가 작성하였으나, 아래의 도면들은 원 도판 및 건축가의 의도를 잘 전달하기 위해서 가급적 원안을 유지하여 작성하였습니다.

034 『Informal』 도판 참조
049, 055, 075, 084(좌), 107, 121, 202, 203, 213, 238 인터넷 이미지 참조
056 『Basic Structures for Engineers and Architects』 도판 참조
084(우), 085, 088, 266 ⓒFoster + Partners 인터넷 이미지 참조
163 Diagram of ruled surface generation ⓒJulian Palacio 참조
230 『Structure Systems』 도판 참조
256 Minimal path computation ⓒHENN 이미지 참조

용어설명

가새 Bracing　주로 프레임구조에서 기둥과 보 사이에 대각선 방향으로 설치하는 부재를 말한다. 일반적으로 구조물의 횡력에 대한 저항으로 구조물의 안정성을 높이기 위해 설치하는 보조 부재이다.

가우시안 볼트 Gaussian vault　쌍곡면 또는 이중곡면 곡률을 가진 아치형 또는 볼트형 구조를 뜻한다. 우루과이 엔지니어 엘라디오 디에스테(Eladio Dieste)가 발명한 철근 벽돌 구조 기술로, 얇은 껍질형 아치 볼트와 넓은 곡면 지붕을 경제적이고 효율적으로 시공하면서도 좌굴에 강하게 설계되었다. 'Gaussian'이라는 용어는 디에스테 자신이 만든 것으로, 일반적으로 통계 및 확률 이론에서 자주 사용되는 종 모양 곡선을 가리킨다.

강도 Strength　강도는 힘이라 부를 수 있으며 파손 없이 하중을 견디는 재료의 능력을 말한다.

강성 Stiffness　강성은 단단함이며, 하중을 분산하고 변형에 저항하는 재료의 능력을 말한다.

거푸집 Formwork　콘크리트, 모르타르 등 습식재료를 일정한 형태로 부어 경화시키기 위해 설치하는 임시 구조물이다.

건식공사 Dry construction　물이나 혼합재료를 사용하지 않고 시공하는 공사를 의미하며, 드라이월 설치, 금속·목재 구조물 조립, 프리캐스트 부재 설치 등이 해당된다. 날씨나 습도 등 환경 영향이 적고 현장 양생 과정이 불필요하여 시공 속도가 빠르고 모듈화, 조립식 시공에 잘 맞다.

건전성 Soundness　구조물이나 건축 요소가 설계 의도대로 하중을 안전하게 지지하고, 손상 없이 제 기능을 유지하는 상태를 뜻한다.

격자 Grid　직선 또는 부재를 직각으로 교차시켜 만든 구조적 배열로, 건축·구조에서 하중을 분산시키거나 공간을 조직하는 방식으로 사용된다.

경간 徑間 Span　보, 트러스, 다리, 슬래브 등 구조물에서 두 지지점(주로 기둥, 벽, 교각) 사이의 수평 거리를 말한다. 경간이 길어질수록 부재의 처짐과 휨에 대한 부담이 커진다.

경량목구조 Light timber structure　얇고 가는 규격 목재를 촘촘히 세워 벽체·바닥·지붕을 구성하는 건축 구조 방식이다. 기둥과 보 시스템이 아니라 벽체 자체가 구조체가 되는 내력벽 구조로 볼 수 있다. 가격이 싸고 빨리 시공할 수 있어 경제적이며 주로 소형 주택에 쓰인다.

경량성 Lightweight (structure)　무게가 가벼운 재료나 구조 시스템으로, 구조적 기능을 유지하면서 하중과 자재 사용을 최소화한 것을 뜻한다.

골(리브) Rib　구조물의 강도를 보강하기 위해 설치하는 돌출된 구조 부재를 의미하며, 슬래브, 쉘, 돔 등 얇고 넓은 면적 구조물에서 강성 확보와 하중 전달을 위해 사용된다.

골조 骨組 Structural Frame / Skeleton　건물의 기본 골격으로 건물의 주요 하중을 지지하는 구조체를 의미한다.

구조적 표현주의 Structural expressionism　구조 자체의 조형성과 미학을 좀 더 강조하며 건물의 구조와 설비 요소를 외부에 그대로 드러내 디자인의 핵심 요소로 활용하는 건축사조. 하이테크 건축과 유사한 의미로도 사용된다.

글루램 Glulam / Glued Laminated Timber　여러 겹의 목재 판재를 접착제(glue)로 접합하여 만든 구조용 목재 부재로, 보, 기둥, 트러스 등 주요 골조 요소로 사용된다. 곡선 형태도 제작이 가능하여 디자인 자유도가 높다.

기둥 Column　건물의 상부 하중을 지지하여 아래로 전달하는 수직 구조 부재를 의미한다. 고대 건축에서는 권위, 장엄함, 신성함을 표현하는 요소였고 또한 기둥은 공간을 나누고, 시선과 움직임을 유도하며 건축의 비례와 리듬을 형성하는 요소로 쓰였다. 대규모 실내공간이 필요한 현대건축에선 기둥이 시각적·공간적 제약으로 인식되어 디자인의 자유도가 떨어지는 요소로 여겨지기도 한다.

내구성 Durability　물질이 변하지 않고 오래 견디는 성질이다. 건축 자재나 구조물이 오랜 시간 동안 본래의 성능과 기능을 유지하는 능력으로, 환경적 요인(습기, 자외선, 화학물질, 온도 변화 등)에 대한 저항성을 포함한다. 건축물의 수명 및 유지보수 비용을 최소화한다.

내력, 내력벽 Load-bearing, Load-bearing Wall　내력(耐力)이란 구조물이 하중을 받아서 아래로 전달하는 기능을 가진 상태나 부재를 의미한다. 내력벽은 건물의 하중을 지붕, 바닥, 위층 구조물 등으로부터 받아서 아래 구조로 전달하는 벽을 말하며, 수직적인 연속성이 중요하다. 수직하중뿐 아니라, 벽체의 배치에 따라 수평하중에 대한 지지도 가능하다.

다이맥시언 Dymaxion　버크민스터 풀러가 만든 용어로, 'Dynamic + Maximum + Tension' 즉 '최대 효율을 가진 역동적 구조/시스템'을 의미하며 풀러는 이 용어를 혁신적 건축, 가구, 차량, 주거 시스템 등 다양한 디자인에 적용하였다.

다이아그리드 Diagrid　대각선(Diagonal)과 격자(Grid)의 합성어로 대각 가새를 반복적으로 사용한 형태의 구조를 말한다. 대각선 부재가 기둥과 보 역할을 동시에 수행하며 건물이 수직 및 수평 하중을 모두 효과적으로 저항해낸다. 이 시스템은 구조적 효율이 뛰어나고, 기존 프레임 대비 재료를 줄일 수 있으며, 기둥 없는 개방형 내부공간과 보다 유연한 평면 설계가 가능하다.

등방성 Isotropic　모든 방향에서 물리적 성질이 동일하게 나타나는 성질을 뜻한다. 하중이 어느 방향에서 작용하든 구조적 반응(변형, 응력 분포)이 같아 계산이 단순하고 예측이 가능하다.

라멘 구조 Rahmen Structure　독일어 Rahmen(뼈대 / frame) 에서 유래한 용어로, 프레임구조의 기둥과 보가 강접합(Rigid Joint)으로 연결된 구조 시스템을 말한다. 접합부가 휘어지지 않고 모멘트(moment)를 전달하므로 횡력에 강하다.

로우테크 Low-tech　첨단 기술보다는 단순하고 기본적인 재료와 시공 방법을 활용하는 건축 방식으로 지역적 자원, 자연적 조건, 전통적 기술을 최대한 활용한다.

무주공간 無柱空間 Column-free space　기둥이나 지지 구조물이 없는 연속적이고 개방된 공간으로, 가변적 평면 구성 및 자유로운 공간 활용이 가능하다.

보 Beam　수평으로 놓여 상부 하중을 지지하고 기둥이나 내력벽으로 전달하는 구조 부재를 의미하며, 하중이 작용할 때 휨과 전단력이 발생한다.

보춤 Beam depth　보의 높이를 말하며 보 단면의 상단에서 하단까지의 수직 길이를 의미한다. 특히 휨 강도와 처짐에 직접적인 영향을 미친다. 깊이가 깊을수록 휨 강도와 강성이 증가하여 처짐을 감소시키고, 반면에 너무 깊으면 층 높이가 제한되고 미관 및 설비 배치에 제약이 생긴다. 일반적으로 보폭(span)에 따라 적정 깊이를 설계해야 한다.

　구조, 보이지 않는 건축

볼트 Vault　연속체를 이루는 아치가 천장이나 지붕을 덮는 구조물로, 주로 넓은 공간을 기둥 없이 덮는 데 사용되며 공간을 덮으면서도 하중을 효과적으로 분산시키는 역할을 한다.

비선형 Non-Linear　사전적으로는 입력(Input)과 출력(Output) 사이가 '비례적(선형)'이지 않은 관계를 말한다. 건축에서 비선형은 전통적인 건축 방식에서 벗어나 직선이 아닌 곡선, 자유로운 공간 구성을 통해 형태와 기능성을 극대화하는 현대 건축의 한 흐름을 뜻한다.

비정형 Irregular　규칙적·정형적 형태를 벗어난 디자인을 뜻하며, 평면, 입면, 단면, 또는 구조 시스템이 규칙적이거나 반복적인 형태를 갖지 않은 것을 말한다. 개성 있는 형태, 조형적 자유로움을 강조하며 일반적으로 정형화된 프레임구조와 대비하여 표현된다.

세공 Filigree　금속, 목재, 석재 등 재료를 사용하여 가느다란 선이나 격자 형태로 섬세하게 장식한 디자인을 뜻한다.

세장 Slenderness　부재의 길이에 반비례하는 단면의 크기, 즉 부재가 길고 가는 특성을 나타내며, 좌굴 위험과 관련 있다. 시각적으로 날렵하고 우아한 느낌을 주는 요소를 지칭하며 디자인에서 슬림한 비례를 강조할 때 사용된다.

수직하중 Vertical load　건물의 수직 방향 즉, 구조물 위에서 아래로 전달되는 하중을 의미한다. 건물의 안정성과 기초 설계에 직접적인 영향을 준다.

수평하중(횡력) Lateral load　구조물에 수평 방향으로 작용하는 힘을 말한다. 바람, 지진, 등 측면에서 구조물에 가해지는 힘이 이에 해당하며 구조물의 안정성과 내진설계에 중요하다. 특히 고층빌딩의 경우 바람의 영향을 많이 받아 수평하중에 대한 고려가 더 필요하다.

슬래브 Slab　바닥이나 지붕을 형성하며 하중을 분산시키는 평면 구조 요소이며, 보와 기둥 또는 내력벽을 통해 하중을 전달한다.

습식공사 Wet construction　물이나 혼합재료를 사용하여 시공하는 공사를 의미하며, 콘크리트 타설, 모르타르 미장, 벽돌 쌓기, 타일 시공 등이 포함된다.

아치 Arch　벽돌이나 석재 등 조적조에서 개구부를 하나의 부재로 지지할 수 없는 경우 쐐기 모양으로 만든 부재를 개구부 윗쪽에 원형으로 쌓이올려, 상부의 히중을 압축력으로 전환하는 구조물이다.

알고리즘적 형태생성 Algorithmic form generation 알고리즘적 형태생성이란 수학적 규칙, 절차, 코드(알고리즘)에 의해 자동으로 혹은 절차적으로 형태를 만들어내는 방법을 의미한다. 단순한 조형 감각이 아니라 데이터, 수학적 모델, 규칙 기반 프로세스에 의해 생성되는 형태이다. 컴퓨테이셔널 디자인, 파라메트릭 디자인, BIM, 시뮬레이션 소프트웨어와 밀접하게 연결된다.

압축력 Compression (force) 물체에 압력을 가해 부피를 줄이거나 누르는 힘을 의미하며, 물체를 서로 밀 때 발생하는 힘으로, 붕괴되거나 찌그러지게 만드는 작용을 말한다. 대표적으로 건축물에서는 기둥 등 수직부재가 압축력을 받으며, 압축력에 저항하는 힘을 의미하기도 한다.

업사이클링 Upcycling 기물이나 오래된 제품에 새로운 가치와 기능을 부여하여 재사용하는 것을 의미한다. 단순 재활용(recycling)과 달리 가치가 더 높은 제품으로 재탄생하는 경우에 해당한다.

외피 (Building) Envelope 건물의 내부와 외부를 구분하는 외부 구조층으로, 기후, 환경, 소음, 열, 습기 등 외부 조건으로부터 건물 내부를 보호한다. 건물 외관 디자인의 결정요소이자 에너지 효율, 쾌적성, 미적인 측면과 직접적으로 관계된다.

위상 기하학 Topology 유클리드 기하학을 넘어선 공간의 연속적·위상적 성질에 주목하여 다양한 형태와 기능이 상호작용하는 공간을 창조하는 건축 디자인 방식이다. 위상 기하학은 연속적인 변형을 통해 형태가 유지되는지 여부에 초점을 맞춰 공간의 연결성, 내부 구조 등의 본질적인 특성을 이해하고 곡면, 비선형 구조 설계, 복잡한 공간의 연속성과 연결성 개념의 새로운 가능성을 탐구한다.

유기적 형상 Organic form 유기적 형태로도 불리며, 자연의 생명체나 현상에서 보이는 자유롭고 유동적인 곡선, 불규칙성, 비대칭성 등을 특징으로 한다. 정형화된 직선적인 기하학 형태와 대조되는 자연스러움과 유연함을 강조한다.

유니버설 디자인 Universal Design 유니버설 디자인은 연령, 성별, 장애 유무, 문화적 배경 등에 관계없이 모든 사람이 최대한 편리하고 안전하게 이용할 수 있도록 설계하는 디자인 개념이다. '모든 사람을 위한 디자인', '보편적 설계'로도 불리며 무장애 설계와 맞닿아 있다.

유니버설 스페이스 Universal Space 특정 기능에 고정되지 않고 다양한 용도와 프로그램에 유연하게 대응할 수 있는 보편적이고 개방적인 공간을 의미한다. 미스 반 데어 로에가 제안한 개념으로, 구조적 제약을 최소화하여 실내를 여러 기능으로 변형·활용할 수 있는 유연하고 큰 개방 공간을 가리킨다.

인장력 Tension (force) 압축력과 반대되는 개념으로, 재료나 구조부재를 당겨 늘어지게 하는 힘이다.

임시화(최소자원화) Ephemeralization 최소한의 자원으로 최대의 성과를 얻는 것을 의미하는 용어로 버크민스터 풀러(Buckminster Fuller)가 20세기 중반에 제안한 개념이다. 풀러는 기술, 건축, 구조, 자원 활용 등에서 효율성과 지속가능성을 극대화하는 아이디어를 설명하기 위해 이 용어를 사용하였다.

입체사진측량법 Stereophotogrammetry 두 장 이상의 공중 또는 지상 사진을 이용하여 3차원 좌표를 정확히 측정하는 방법이다. 사진상의 상동점(同同點, homologous points)을 찾아 입체적으로 계산하며 지형, 건물, 구조물 등 정밀 3D 모델링에 활용한다.

자유로운 형태(프리폼) Freeform 정형화된 기하학(직선, 직각, 원, 정다각형 등)에 얽매이지 않고 자유롭게 정의된 형태를 말한다. 컴퓨터 모델링 기술(특히 NURBS, 메쉬 기반 모델링)의 발달로, 과거에는 구현하기 어려웠던 유선형의 곡면, 비선형, 유기적 형태가 가능해졌다.

전단(력) 剪斷(力) Shear (force) 구조부재의 단면을 따라 서로 다른 방향으로 미끄러지려는 힘을 의미하며, 전단력은 이 현상에 대응하는 내부의 힘을 뜻한다.

전단벽 Shear wall 수평하중(바람, 지진 등)에 저항하여 건물의 변형과 흔들림을 방지하는 구조벽을 의미한다. 기둥 및 보 구조와 함께 건물 골조의 강성을 높인다. 다층건물에선 주로 코어(Core)가 전단벽 역할을 한다.

전산유체역학 CFD / Computational Fluid Dynamics 유체의 거동(흐름, 열전달, 화학반응 등)을 수학적으로 모델링하고, 그 결과를 컴퓨터 시뮬레이션으로 계산·분석하는 학문 및 기술이다. 건축과 도시에서는 주로 건물 주위 바람(풍하중, 환기, 바람길), 연기 확산, 열쾌적성을 평가하는 데 활용한다.

좌굴 挫屈 Buckling 기둥이나 얇은 부재가 압축력을 받을 때, 단순히 직선 상태로 축소되지 않고 옆으로 휘어져 변형되는 현상을 말한다. 즉, 부재가 임계하중(Critical Load, Euler Load) 이상을 받으면 직선 상태의 안정성을 잃고, 갑작스럽게 휨 모양으로 변형된다. 좌굴은 부재의 강도가 부족해서 재료가 파괴되는 것이 아니라, 형상적 불안정성(Instability) 때문에 발생하며, 길이가 길고, 단면이 가늘며, 압축력이 크게 작용할수록 좌굴 위험이 커진다.

중력 Gravity load 지구가 지상의 모든 물체를 끌어당기는 힘으로 건물 자체 무게(자중)와 수직으로 작용하는 하중으로 수직하중의 한 요소로 볼 수 있다.

중목구조 重木構造 Heavy timber structure 굵은 목재를 기둥, 보, 트러스 등 주요 구조재로 사용하는 건축 구조 방식으로, 경량목구조보다 부재 단면이 크고 하중 지지력이 높아, 대형 건축물에도 적용이 가능하다. 내화성능이 경량에 비해 높으며 현대에는 CLT, 글루램 등을 사용한다.

중심원근법 Central perspective 관찰자의 시점과 소실점을 기준으로, 3차원 공간을 2차원 평면에 실제와 유사한 비례로 축소해 표현하는 투시법이다.

지오데식 Geodesic 삼각형 요소를 반복적으로 연결하여 구형 또는 곡면 구조를 만드는 경량 구조 시스템이다. 삼각형 네트워크를 사용해 하중을 균등 분산시키며 구체, 돔 형태가 대표적이다. 버크민스터 풀러가 창시하였다.

직선면 直線面 Ruled surface 곡면처럼 보이지만 직선으로 만들 수 있는 면을 뜻한다. 즉, 곡면이지만 모든 점이 직선 위에 존재하거나 직선을 따라 생성된다. 제작과 시공이 직선 부재 중심으로 가능하다는 장점이 있다.

처짐 Sag / Sagging 구조물이나 케이블, 보 등이 자체 무게(자중)나 하중 때문에 아래로 처진 상태를 의미한다. 쉽게 말해, 수평으로 설치된 부재가 중력에 의해 아래로 처져 내려간 모양이다. 주로 케이블, 전선, 천장 트러스 등 길이가 긴 부재에 자주 나타난다.

추력 推力 Thrust 구조물이 하중을 받아 바깥쪽으로 미는 힘을 의미하며 주로 아치, 보, 지붕 등 구조 부재가 하중을 받으면서 수평 또는 외향으로 밀어내는 경우에 발생한다.

측벽 側壁 Abutment 아치·교량·댐 같은 구조물에서 끝단에서 발생하는 힘을 땅으로 안전하게 흘려보내는 받침 구조이다. 대부분 압축력을 받아 전달한다.

코어 Core 코어(Core)란 엘리베이터, 계단 등의 수직적인 이동과 설비를 위한 공간을 말한다. 일반적으로 철근콘크리트로 둘러싸여진 튜브 형태를 가지고 있으며 횡력에 대응한다. 타워의 경우 대부분 코어를 중앙에 배치하여 중앙코어(Center Core)라 부른다.

텐세그리티 Tensegrity tension과 integrity의 합성어로, 인장력과 압축력의 상호 작용으로 구조적 안정성을 확보하는 시스템을 의미한다. 압축부재는 서로 직접 연결되지 않고, 인장부재가 이를 유지하여 전체 구조가 공중에 떠 있는 듯 보이며 안정화를 이룬다.

트러스 Truss　여러 개의 직선 부재들을 한 개 또는 그 이상의 삼각형 형태로 배열하여 각 부재를 절점에서 연결해 구성한 뼈대 구조를 뜻한다. 삼각형 구조로 구조적 안정성 확보하고 재료를 최소화하면서 큰 경간에 적용이 가능하다.

파라메트릭 Parametric　매개변수(parameter)를 기반으로 형태나 구조를 정의하고 제어하는 설계 방식이다. 설계의 '규칙과 관계'를 먼저 정의하고, 입력값을 바꾸면 설계 결과가 자동으로 바뀌는 시스템으로 복잡한 곡면, 구조 최적화, 파사드 패턴 등을 자동 생성하여 수작업으로는 불가능한 형태 및 변형 구현이 가능하다.

프레임구조 Framed Structure　기둥과 보로 이루어진 뼈대가 하중을 지지하는 구조 방식이다. 다층건물의 구조에 적합하며 벽은 주로 비내력벽으로 사용되어 공간 구성이 자유롭다.

(플라잉) 버트레스 (Flying) buttress　건축 및 구조 분야에서 벽이나 구조체가 옆으로 밀리는 힘(수평하중, 추력 등)에 저항하도록 돕는 지지 구조물을 말한다. 주로 지붕, 아치, 볼트(vault)에서 발생하는 추력을 효과적으로 지지하는 데 사용된다. 버트레스는 벽에 바로 붙어 있는 두꺼운 보강벽을 의미하고, 플라잉 버트레스(Flying Buttress)는 벽과 떨어져 아치형으로 연결되어 추력을 전달하는 구조로, 고딕 건축의 대표적 요소로 구조적 기능을 넘어 장식적·상징적 의미도 가진다.

하이테크 High-tech　현재 이용할 수 있는 가장 앞선 기술을 말한다. 로우-테크(Low-tech)와 반대되는 개념으로, 첨단 기술이 집약되어 있어 실험성과 함께 불확실성도 내포한다.

하이테크 건축 High-tech architecture　1970년대에 발생한 근대 건축 사조다. 하이테크 산업의 요소를 건물 설계에 융합시킨 것으로 설계 및 건설에서 투명함을 강조하여 건물의 구조와 기능을 안팎으로 소통시키고자 한다. 알루미늄, 강철, 유리 등을 주로 사용한다.

하중 Load　구조물에 작용하는 외부적인 작용을 의미한다. 건물 자체 무게(고정하중), 사람·가구(활하중), 눈·바람·지진(환경하중) 등으로 구조물에 가해지는 조건 혹은 입력값이라고 할 수 있다.

현수선 Catenary　자유롭게 매달린 체인이나 줄이 중력만 받아 만들어지는 곡선을 뜻한다. 이를 뒤집으면 압축력만 받는 이상적 아치가 되어 구조 효율을 극대화할 수 있다.

형태저항구조 Form Active Structure 구조 부재의 형태(geometry) 자체가 외력에 대해 안정적으로 저항하도록 설계된 구조 시스템으로, 재료의 강도보다는 구조적 형태(form)에 의해 하중에 대응한다. 쉽게 말해, '재료의 힘보다는 형태 자체가 힘에 저항하는 구조'이다. 휨과 전단의 영향을 최소화할 수 있어 구조가 얇고 가벼우면서도 큰 경간의 확보에 유리하다.

효율성 Efficiency 주어진 자원(공간, 재료, 비용, 시간 등)을 최소로 사용하여 최대의 성능·기능을 달성하는 정도를 의미한다. 건축에서는 주로 공간 활용도와 운영성을 높이는 특성이며, 구조에서는 최소한의 재료와 단순한 하중 전달 경로로 최대의 강도와 안정성을 확보하는 것을 뜻한다.

휨 Bending 보, 슬래브, 빔 등 구조 부재가 하중을 받아 휘는 현상을 의미한다. 부재의 길이 방향으로 휨모멘트가 발생하여 변형되는 현상으로 부재 단면에 인장력(하단)과 압축력(상단)이 동시에 발생한다. 구조 안전성 평가에서 중요한 설계 기준이다.

휨응력 Bending stress 부재가 하중에 의해 휘어질 때 발생하는 내부 응력으로 부재의 중립축(neutral axis)을 기준으로 상부는 압축력, 하부는 인장력이 발생한다.

힘 Force 하중이 구조물에 작용할 때 발생하는 물리적 효과로, 구조부재의 이동이나 변형을 유발하는 원인이다. 압축력, 인장력, 전단력, 휨모멘트 등이 해당된다.

힘밀도법 Force Density Method 구조물의 평형 상태를 계산하기 위해, 각 구조 부재(주로 케이블, 막, 스프링 등)에 단위 길이당 힘(force density)을 정의하고 이를 기반으로 형상과 힘의 균형을 수치로 계산하는 방법이다.

CAD Computer-Aided Design 컴퓨터 지원 설계로, 컴퓨터 소프트웨어를 사용하여 제품이나 구조물의 설계, 도면, 3D 모델을 만드는 과정을 말한다.

CAM Computer-Aided Manufacturing CAD로 설계한 모델을 기반으로 제조 공정을 자동화하고 제어하는 과정을 말한다. 금속, 목재, 플라스틱 등 재료를 절삭, 가공, 조각하는 기계를 컴퓨터 프로그램으로 자동 제어하는 시스템인 CNC(Computer Numerical Control(컴퓨터 수치 제어))가 대표적이다.

CLT Cross Laminated Timber 교차 적층 목재로, 여러 층의 목재를 직각으로 교차시켜 쌓고 접착하여 만드는 대형 구조용 집성목재를 말한다. 목재의 이방성 특성(나뭇결 방향에 따른 강도 차이)을 보완하여 강도와 안정성을 크게 향상시킨 건축 자재이며, 벽, 바닥, 지붕 패널 등에 사용된다.

   구조, 보이지 않는 건축

팔라체토 경기장(직경61m) by Pier Luigi Nervi, 1957

현대건축을 바꾼 구조의 혁신

구조, 보이지 않는 건축

김세진 지음

초판 1쇄 발행 2025년 12월 30일

펴낸이 이민·유정미
편집인 이수빈
디자인 오성훈

펴낸곳 이유출판
주소 대전시 동구 대전천동로 514(34630)
전화 070-4200-1118
팩스 070-4170-4107
전자우편 iu14@iubooks.com
홈페이지 www.iubooks.com
페이스북 @iubooks11
인스타그램 @iubooks_14

©김세진 2025

이 책에 사용된 도판은 저자가 직접 그렸거나 저작권자의 동의를 얻어 수록한 것입니다.
일부 저작권을 찾지 못한 도판은 확인되는 대로 동의 절차를 밟겠습니다.

ISBN 979-11-89534-72-1(03540)
정가 24,000원